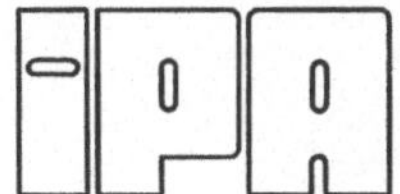

Forschung und Praxis · Band 42

**Berichte aus dem Fraunhofer-Institut
für Produktionstechnik und Automatisierung,
Stuttgart, und dem Institut
für Industrielle Fertigung und Fabrikbetrieb
der Universität Stuttgart**

Herausgeber: Prof. Dr.-Ing. H. J. Warnecke

Rainer Köhnlechner

Untersuchungen zur Schmierfilmdicke in Druckluftzylindern

Beurteilung der Abstreifwirkung und des Reibungsverhaltens von Pneumatikdichtungen mit Hilfe eines neu entwickelten Schmierfilmdickenmeßverfahrens

Mit 38 Abbildungen und 4 Tabellen

Springer-Verlag
Berlin Heidelberg New York 1980

Dipl.-Ing. Rainer Köhnlechner
Fraunhofer-Institut für Produktionstechnik und Automatisierung (IPA), Stuttgart

Dr.-Ing. H. J. Warnecke
o Professor an der Universität Stuttgart
Fraunhofer-Institut für Produktionstechnik und Automatisierung (IPA), Stuttgart

D 93

ISBN-13: 978-3-540-10375-2   e-ISBN-13: 978-3-642-81545-4
DOI: 10.1007/ 978-3-642-81545-4

Die Wiedergabe von Gebrauchsnamen, Handelsnamen, Warenbezeichnungen usw in diesem Werk berechtigt auch ohne besondere Kennzeichnung nicht zu der Annahme, daß solche Namen im Sinne der Warenzeichen- und Markenschutz-Gesetzgebung als frei zu betrachten waren und daher von jedermann benutzt werden dürften
Gesamtherstellung Drucken + Werben GmbH   Löwenstraße 94 · 7000 Stuttgart 70 · Telefon (0711) 764959
2362/3020—543210

<u>Geleitwort des Herausgebers</u>

Die Entwicklungen in der Produktionstechnik in den
letzten Jahrzehnten haben entscheidend zur positiven
wirtschaftlichen und sozialen Entwicklung in der
Bundesrepublik Deutschland beigetragen. Die Produktivi-
tät konnte jedes Jahr um durchschnittlich etwa 3,5 %
gesteigert werden. Mechanisierung und Automatisierung wurden und werden stetig weiter vorangetrieben.
Während es sich bisher jedoch um Verbesserungen an einzelnen Maschinen und Anlagen sowie Verfahren handelte,
werden heute alle Unternehmensbereiche erfaßt, und man
ist bemüht, das gesamte System Unternehmen bzw. Produktionsbetrieb zu optimieren. Das klassische Bemühen um
Optimierung des Einsatzes und Zusammenwirkens der Pro-
duktionsfaktoren Mensch, Maschine und Material muß heute
erweitert werden um die Berücksichtigung sozialer Belange,
gesetzlicher Auflagen, Probleme der Energieversorgung,
schnellen Veränderungen an den Produkten und auf den
Märkten sowie Sicherung der Qualität und der Lieferfähig-
keit.

Von wissenschaftlicher Seite wird und muß dieses Bemühen
unterstützt werden durch die Entwicklung von Methoden
und Vorgehensweisen zur systematischen Analyse und Verbesserung des Systems Produktionsbetrieb. Hier ist heute
insbesondere auch der Fertigungsingenieur gefordert,
nicht nur einzelne Maschinen und Verfahren zu beherrschen,
sondern das gesamte komplexe System hinsichtlich der Ver-
knüpfung seiner Elemente durch zweckmäßigen Informations-
und Materialfluß. Beispielhaft seien dazu nur hinsichtlich des Informationsflusses die heute gegebenen Möglichkeiten der Datenerfassung und -verarbeitung in Ferti-
gungsplanung und -steuerung, an den einzelnen

Produktionsanlagen sowie im Qualitätswesen genannt.
Im Materialfluß geht es um richtige Auswahl und Einsatz von Fördermitteln, Förderhilfsmitteln sowie Anordnung und Ausstattung von Lägern. Der weiteren Automatisierung in der Handhabung von Werkstücken und Werkzeugen sowie der Montage von Produkten wird in nächster Zukunft allergrößte Aufmerksamkeit geschenkt werden. Leistungsfähige Sensoren werden die Möglichkeiten dafür sehr stark vergrößern.

Die beiden vom Herausgeber geleiteten Institute, das Institut für Industrielle Fertigung und Fabrikbetrieb der Universität Stuttgart sowie das Fraunhofer-Institut für Produktionstechnik und Automatisierung in Stuttgart, arbeiten in grundlegender und angewandter Forschung intensiv an den aufgezeigten Entwicklungen in der Produktionstechnik mit. Zur Umsetzung gewonnener Erkenntnisse wird die Schriftenreihe "IPA Forschung und Praxis" herausgegeben. Der vorliegende Band setzt diese Reihe fort, eine Übersicht über bisher erschienene Titel wird am Schluß dieses Bandes gegeben.

Dem Verfasser sei für die geleistete Arbeit gedankt, dem Springer-Verlag für die Aufnahme dieser Schriftenreihe in seine Angebotspalette und der Druckerei für saubere und zügige Ausführung. Möge das Buch von der Fachwelt gut aufgenommen werden.

Hans-Jürgen Warnecke

<u>Vorwort</u>

Das vorliegende Buch entstand während meiner Tätigkeit als
wissenschaftlicher Mitarbeiter am Fraunhofer-Institut für
Produktionstechnik und Automatisierung (IPA), Stuttgart.

Herrn Professor Dr.-Ing. H.J. Warnecke, dem Leiter des In-
stituts, bin ich für seine wohlwollende Unterstützung und
Förderung zu großem Dank verpflichtet.

Mein Dank gilt in gleicher Weise Herrn Professor Dr.-Ing.
H.K. Müller für die konstruktive Kritik bei der Durchsicht
der Arbeit und die Übernahme des Mitberichts.

Ferner danke ich allen Kollegen, die mich durch ihre Mit-
arbeit bei der Durchführung der Arbeit unterstützten.
Mein besonderer Dank gilt dabei Herrn Dipl.-Ing. W.D. Kiess-
ling für seine stete Diskussionsbereitschaft und Herrn
V. Kniep, der die experimentellen Untersuchungen durchgeführt
hat.

Stuttgart, im Januar 1980   Rainer Köhnlechner

<u>Inhaltsverzeichnis</u>

Schrifttum

/1/   Deppert, W.; Stoll, K.: Pneumatik in der Anwendung.
      Würzburg: Vogel-Verlag, 1974.

/2/   Manufacturing Standard NE 2-1: Pneumatic valves, four way,
      solenoid operated common subbase type.
      Ford Motor Company, 1974.

/3/   Fisher Body Division (General Motors Corp.) MDS-276:
      Specification for fixture type air cylinders (1977).

/4/   N.N.: Can you cut pneumatic valve downtime? Production
      engineer 58 (1979) Nr. 2, S. 50...54.

/5/   Ebertshäuser, H.: Einflußfaktoren auf das Verhalten von
      Dichtungen. o+p 22 (1978) Nr. 2, S. 84...88.

/6/   Lang, C.: Dichtungsbauarten und Dichtungsprobleme in der
      Ölhydraulik. technica 18 (1969) Nr. 24, S. 2387...2392,
      2399...2404; Nr. 26, S. 2553...2558, 19 (1970) Nr. 2,
      S. 101...108.

/7/   Köhnlechner, R.: Chancen der Ölnebelschmierung bei pneu-
      matischen Anlagen. Maschinenmarkt 81 (1975) Nr. 70,
      S. 1306...1308.

/8/   Firmenschrift: PDF-Dichtungs-Handbuch. Druckschrift PDF
      1475/10. Herausgegeben von Prädifa Jäger KG, Bissingen.

/9/   Müller, H.: Der Weg zur Stufe. fluid (1975) Nr. 4,
      S. 98...100.

/10/ Kragelski, T: Reibung und Verschleiß. München: Carl
      Hanser, 1971.

/11/ Hoffmann, H.; Koenig, W.; Zeus, D.: Erfahrungen und Ge-
      danken zur Gestaltung berührender Dichtungen an hydrau-
      lischen Zylindern. Konstruktion 28 (1976) Nr. 5, S.173...
      176; Nr. 6, S. 229...233.

/12/ Eck, B.: Technische Strömungslehre. Berlin: Springer,
      1978.

/13/ Schlichting, H.: Grenzschicht-Theorie. Karlsruhe:
      G. Braun, 1951.

/14/ Blok, H.: Inverse problems in hydrodynamic lubrication.
      Proc.Intern.Symp. on Lubrication and Wear. University of
      Houston, Texas, 1963.

/15/ Müller, H.: Schmierfilmbildung, Reibung und Leckverlust
      von elastischen Dichtungsringen an bewegten Maschinentei-
      len. Stuttgart, Technische Hochschule, Diss., 1962.

/16/ Fuller, D.: Theorie und Praxis der Schmierung.
Stuttgart: Berliner Union, 1960.

/17/ Müller, H.: Vorlesungsmanuskript "Dichtungstechnik".

/18/ Müller, H.: Leakage and friction of flexible packings at
reciprocating motion with special consideration of
hydrodynamic film formation. Proceedings of the 2nd International Conference on Fluid Sealing, Cranfield 1964,
Paper B 2.

/19/ Dowson, D.; Higgionson, G.: Elasto-hydrodynamic lubrication.
SI edition. Oxford: Pergamon Press, 1977.

/20/ Brendel, H.: Wissensspeicher Tribotechnik.
Wien, New York: Springer, 1978.

/21/ Dowson, D.: Investigation of cavitation in lubricating films
supporting small loads Proceedings Conf. on Lubrication
and Wear. I.Mech.E., London (1957) S. 93...99.

/22/ Müller, P.: Druckübertragung an Gleitflächen bei erhöhtem
Umgebungsdruck. Konstruktion 24 (1972) Nr. 10, S. 401...408.

/23/ Crook, A.: The lubrication of rollers. Philosophical
Transactions series A, 250 (1958) Nr. 1, S. 387...409.

/24/ Müller, H.: Hydrodynamik elastischer Dichtungen.
o+p 9 (1965) Nr. 3, S. 89...93.

/25/ Hirano, F.; Kaneta, M: Theoretical investigation of friction
and sealing characteristics of flexible seals for repro-
cating motion. 5th. Int. Conf. on Fluid Sealing, Warwick
1971.

/26/ Böer, F.u.a.: Tribologie. Forschungsbericht BMFT-FB 76-38.

/27/ Lane, T.; Hughes, J.: A study of the oil film formation in
gears by electrical resistance measurements. British Journal
of Applied Physics 3 (1952), S. 315...318.

/28/ Cameron, A.: Surface failure in gears. Journal of the
Institute of Petroleum 40 (1954), S. 191...202.

/29/ Gohar, R.; Cameron, A.: Optical measurement of oil film
thickness under elastohydrodynamic lubrication. Nature
200 (1963) S. 458...459.

/30/ Sibley, L.; Orcutt, F.: Elastohydrodynamic lubrication of
rolling-contact surfaces. ASLE Transactions 4 (1961)
S. 234...249.

/31/ Brüser, P.: Untersuchungen über die elastohydrodynamische
Schmierfilmdicke bei elliptischen Hertzschen Kontaktflächen.
Braunschweig, Technische Universität, Diss., 1972.

/32/ Field, F.; Nau, B.: Film thickness and friction measurements during reciprocation of a rectangular section rubber seal ring. Proceedings of the 6th international Conference on Fluid Sealing, München 1973, Paper C 5.

/33/ Dowson, D.; Swales, P.: The development of elastohydrodynamic lubrication in a reciprocating seal. Proceedings of the 4th International Conference on Fluid Sealing, Philadelphia 1969, Paper 1.

/34/ O'Donoghue, J.; Lawrie, J.: The mechanism of lubrication in a reciprocating seal. Proceedings of the 2nd International Conference on Fluid Sealing, Cranfield 1964, Paper B 6.

/35/ Roberts, A.; Swales, P.: Elastohydrodynamic lubrication of highly loaded elastic cylinders. Journal of Applied Physics (Section D) Series 2. 2. 9 (1969)Nr. 9, S. 1317...1326.

/36/ Schouten: Elastohydrodynamische Schmierung. Forschungsheft 24 des Labors für Antriebstechnik der TH Eindhoven, 1973.

/37/ Field, G.; Nau, B.: A theoretical study of the elastohydrodynamic lubrication of reciprocating rubber seals. ASLE Transactions 18 (1975) Nr. 1, S. 48...54.

/38/ Denny, D.: Leakage characteristics of rubber seals fitted to reciprocating shafts. Symposium on Oil Hydraulic Power Transmission and Control. I. Mechn. E., London (1961) S.259 ...268.

/39/ Hörl, E.: Dichtungen und Oberflächen in hydraulischen und pneumatischen Anlagen. Maschinenmarkt 83 (1977) Nr. 72, S. 1396...1397.

/40/ Schichtdickenmessung. Lehrgang Nr. 3930/06. 127 der TAE, Februar 1979, Leitung: G. Oelsner.

/41/ Plog, H.: Normung in der Schichtdickenmessung. "Schichtdickenmessung" (Lehrgang Nr. 3930/06.127) Technische Akademie Eßlingen,1979.

/42/ Garmsen, W.: Dickenmessung nasser Filme. Deutsche Farben-Zeitschrift 5 (1951) Nr. 1, S. 11...14.

/43/ Firmenschrift: Mechanische Schichtdickenmesser. Herausgegeben von Erichsen GmbH. & Co. Kg, Hemer-Sundwig.

/44/ Vogel, K.: Mechanische Meßverfahren für Schichtdickenmessungen. "Schichtdickenmessung" (Lehrgang Nr. 3930/06. 127) Technische Akademie Esslingen, 1979.

/45/ Kambayashi, H.; Ishiwata, H.: A study of oil seals for reciprocating motion. Proceedings of the 2nd International Conference on Fluid Sealing, Cranfield 1964, Paper B 3.

/46/ Zorll, U.: Optische Verfahren zur Schichtdickenmessung.
"Schichtdickenmessung" (Lehrgang Nr. 3930/06.127) Technische Akademie Esslingen, 1979.

/47/ Paatsch, W.: Sonderverfahren der Schichtdickenmeßtechnik.
"Schichtdickenmessung" (Lehrgang Nr. 3930/06.127) Technische Akademie Esslingen, 1979.

/48/ Meyer, F.; Loyen, C.: The creep of oil on steel followed
by ellipsometry. Wear 33 (1975) Nr. 8, S. 317...323.

/49/ Hewitt, G.; Lovegrove, P.: The application of the light
absorption technique to continuous film thickness
recording in annular two-phase flow. AERE-R 3953, 1962.

/50/ Hewitt, G.; Nicholls, B.: Film thickness measurement in
annular two-phase flow using a fluorescence method.
Part I: AERE-R 4478 (1964); Part II: AERE-R 4506 (1969).

/51/ Sitzler, H.: Beitrag zur Messung von Schichtdicke und
Dichte mit Hilfe von Beta-Strahlung. Karlsruhe, Technische
Hochschule, Diss., 1965.

/52/ DIN 5031: Strahlungsphysik im optischen Bereich und Licht-
technik. Teil 1...9. Ausgabe August 1976.

/53/ Firmenschrift: Das Opto-Kochbuch. Herausgegeben von Texas
Instruments Deutschland GmbH, Freising.

/54/ Danckwortt, P.; Eisenbrand, J.: Lumineszenz-Analyse im fil-
trierten ultravioletten Licht. Leipzig: Akademische Ver-
lagsgesellschaft, 1964.

/55/ Förster, T.: Fluoreszenz organischer Verbindungen.
Göttingen: Vandenhoeck & Ruprecht, 1951.

/56/ Wünsch, G.: Optische Analysemethoden zur Bestimmung anor-
ganischer Stoffe. Berlin: De Gruyter, 1975 (Sammlung
Göschen; Bd. 2606).

/57/ Ehret, H.: Bau und Einmessung eines Meßgerätes zur Bestimmung von Ölfilmdicken mittels Fluoreszenz. Institut für Industrielle Fertigung und Fabrikbetrieb, Universität Stuttgart, Semesterarbeit vom 2. Mai 1979.

/58/ Teichmüller, M.; Wolf, M.: Application of fluorescence
microscopy in coal petrology and oil exploration. Journal
of Microscopy 109 (1979) Nr. 1, S. 49...73.

/59/ Köhnlechner, R.: Ölnebelabscheidung in pneumatischen Systemen. o+p 21 (1977) Nr. 1, S. 26...27.

/60/ Köhnlechner, R.: Bestimmung kleinster Schmiermittelmengen
in pneumatischen Anlagen. HGF-Bericht 76/62.

/61/ Mayer, H.: Physik dünner Schichten (Gesamtbibliographie
Teil I und Teil II). Stuttgart: Wissenschaftliche Verlags-

/62/ Barwell, F.; Cole, J.: Faktoren für das Verhalten von
     Gleitlagerungen. Schriftenreihe Antriebstechnik, Band 18:
     Getriebe - Kupplungen - Antriebselemente (1957) S. 88...104.

/63/ FitzSimmons, V.; Shafrin, E.: The detection, wettability
     and durability of fluorescent barrier films. ASLE Trans-
     actions 17 (1974) Nr. 2, S. 135...140.

/64/ Fote, A.; Dormant, L.; Feuerstein, S.: Migration of hydro-
     carbon oil on metal substrates under the influence of
     temperature gradients. Lubrication Engineering 32 (1976)
     Nr. 10, S. 542...545.

/65/ Hewitt, G.: Measurement of two phase flow parameters.
     London: Academic Press, 1978.

/66/ Collier, J.; Hewitt, G.: Film thickness measurements.
     ASME-paper-64-WA/HT-41 (1965).

/67/ Smart, A.; Ford, F.: Measurement of thin liquid films by
     a fluorescence technique. Wear 29 (1974) Nr. 1, S.41...47.

/68/ Ford, R.; Foord, C.: Laser-based fluorescence techniques
     for measuring thin liquid films. Wear 51 (1978) Nr. 2,
     S. 289...297.

/69/ Köhnlechner, R.: Schmierfilmdickenmessung. HGF-Bericht
     79/68.

/70/ Firmenschrift: Quecksilberdampf-Höchstdrucklampen. Heraus-
     gegeben von OSRAM GmbH.

/71/ Hercules, D.: Fluorescence and phosphorescence analysis.
     New York: Interscience Publishers, 1966.

/72/ Thaer, A.; Sernetz, M.: Fluorescence techniques in cell
     biology. Berlin, Heidelberg: Springer-Verlag, 1973.

/73/ Andriollo, M.: Der LASER - ein aktives elektronisches
     Bauelement. Elektronik 24 (1975) Nr. 6 (Sonderdruck).

/74/ Jacobsen, A.: Die Lichtübertragung durch Faseroptik.
     F & M Feinwerktechnik & Meßtechnik 79 (1975) Nr. 3, S.117
     ...121.

/75/ Schröder, G.: Technische Optik. Würzburg: Vogel-Verlag, 1977.

/76/ Berlman, I.: Handbook of fluorescence spectra of aromatic
     molecules. New York und London: Academic Press, 1971.

/77/ Firmenschrift: Farb- und Filterglas. Herausgegeben von
     Glaswerk Schott & Gen., Mainz.

/78/ Firmenschrift: Steuerungstechnik-Industrie Programm.
     Herausgegeben von Wabco Westinghouse GmbH, Hannover.

/79/ Firmenschrift: FESTO Pneumatic Katalog, 20. Auflage. Heraus-
      gegeben von FESTO Maschinenfabrik G. Stoll, Esslingen.

/80/ Zerbe, C.: Mineralöle und verwandte Produkte. Berlin:
      Springer, 1952.

/81/ Schilling, G.; Bright, G.: Additive für Kraft- und Schmier-
      stoffe II. Schmierung (1977) Heft 2 (Herausgegeben von der
      Deutschen Texaco GmbH, Hamburg).

/82/ Firmenschrift: Sudan-Farbstoffe und Fluorol-Farbstoffe.
      Herausgegeben von Siegle-Farben, BASF 1978.

/83/ Colour Index (Third edition). Veröffentlicht durch: The
      Society of Dyers and Colourists, Bradford, 1971.

/84/ Firmenschrift: EMI photomultiplier tubes. Herausgegeben
      von EMI Electronics Ltd., Hayes, England.

/85/ Brügel, W.: Einführung in die Ultrarotspektroskopie.
      Darmstadt: Steinkopff, 1962.

/86/ N.N.: Antrieb für Feinstpositionierung. Steuern und Regeln
      (1978) H. 7, S. 57.

/87/ Producing films of uniform thickness of paint, varnish,
      lacquer and related products on test pan.
      ASTM-Standard D 823-53 (1970).

/88/ Thomer, K.; Obst, M.: Möglichkeiten und Anwendungen umwelt-
      freundlicher und humaner Lackierverfahren.
      Maschinenmarkt 84 (1978) Nr. 40, S. 785...789.

/89/ Butler, A.; Popovic, N.: Vapor deposition of lubricant.
      Lubrication Engineering 30 (1974) Nr. 2, S. 59...61.

/90/ Väth, A.: Der Schleuderguß. Berlin: VDI-Verlag, 1934.

/91/ Blodgett, K.; Langmuir, I.: Built-up films of barium
      stearate and their optical properties. Physical Review,
      Series 2, 51 (1937) Nr. 6, S. 964...982.

/92/ Payne, H.: The dip coater. Industrial and Engineering
      Chemistry (Analytical Ed) 15 (1943) Nr. 1, S. 48...56.

/93/ Firmenschrift: Introduction to fluorescence spectroscopy.
      Herausgegeben von Bodenseewerk Perkin-Elmer & Co. GmbH,
      Überlingen.

/94/ Firmenschrift: Dichtelemente für Pneumatic und Hydraulik.
      Herausgegeben von Carl Freudenberg-Simrit, Weinheim.

/95/ Dalmaz, G.; Godet, M.: An apparatus for the simultaneous
      measurement of load, traction and film thickness in
      lubricated sliding point contacts. Tribology 5 (1972)
      Nr. 6, S. 11... 17.

/96/ Münnich, H.: Einfluß der Schmierung auf Lebensdauer, Reibung und Verschleiß von Wälzlagern. Schmiertechnik und Tribologie 16 (1968) Nr. 2, S. 87...97.

/97/ Lang, C.: Elastische Dichtungen - Pressungsverlauf und Reibung. Maschinenmarkt 75 (1969) Nr. 96, S. 2101...2106.

/98/ Lang, C.: Lippendichtungen in der Ölhydraulik. Maschinenmarkt 73 (1967) Nr. 96, S. 2002...2013.

/99/ Jakubaschke, O.: Grundlagen der Pneumatik. Mainz: Krausskopf, 1978.

/100/ Sick, H.: Derzeitige Pneumatikdichtungen und ihre Betriebsprobleme. Fachtagung "Konstruieren mit Dichtungen", Stuttgart, 8.-9. Februar 1977.

Abkürzungen und Formelzeichen

Zeichen	Einheit	Benennung
a		Konstante (Blindwert)
b	mm	Dichtspaltbreite
b_f	mm	Ölfadenbreite
b_m	mm	mittlere Breite
c	mol/l	Konzentration eines Stoffes
D	mm	Kolbendurchmesser
E		Extinktion
F_R	N	Reibkraft
G_m	kg	Molares Gewicht (Molgewicht)
h	µm	Schmierspalthöhe
h^*	µm	Schmierspalthöhe bei $\frac{dp}{dx} = 0$
H	mm	Höhe
I	A	Stromstärke
I_a	A	Hellstrom
I_{Ph}	A	Photostrom
I_{Rx}	A	Reflexlichtstrom
I_{SL}	A	Streulichtstrom
I_0	A	Dunkelstrom
l	mm	Schmierspaltlänge (Berührungslänge der Dichtung)
L	mm	Länge
n	min^{-1}	Drehzahl
p	Pa	Druck
p_e	Pa	Arbeitsdruck
p_i	Pa	Innerer Druck (Pressung) der Dichtung senkrecht zur Berührungsfläche bei $p_e = 0$
P_L	W	Nennleistung einer Strahlungsquelle
q	mm³/s	Leckage (Lässigkeit)
R		Restglied
s	V/A	Verstärkungsfaktor
t	s	Zeit
t_H	min	Bestrahlungsdauer
T	K	Temperatur
u	m/s	Strömungsgeschwindigkeit
U_{bG}	V	Betriebsspannung eines Photovervielfachers
U_{Ph}	V	Photospannung

Zeichen	Einheit	Benennung
UV		Ultra-Violett
v	m/s	Gleitgeschwindigkeit
x		Koordinate
y		Koordinate
α	°	Schmierspaltwinkel
β	°	Winkel
δ	µm	Schichtdicke, Filmdicke
δ_0	µm	Ausgangsfilmdicke
δ_2	µm	Restfilmdicke
δ_S	µm	bekannte (Standard-)Schichtdicke
δ_x	µm	unbekannte Schichtdicke
Δ		Verhältniszahl
ε	$\dfrac{cm^2}{millimol}$	molarer Extinktionskoeffizient
ζ	%	Meßfehler
η	Pa·s	Dynamische Viskosität
K		Konstante ($\leqq 1$)
λ	nm	Wellenlänge
ν	m²/s	Kinematische Viskosität
ξ		Korrekturfaktor
ϱ	kg/m³	Dichte
σ	°	Aperturwinkel
τ	%	Transmissionsgrad
Φ	W	Strahlungsfluß, Strahlungsleistung
Φ_0	W	Strahlungsfluß der Anregungsstrahlung
Φ_{abs}	W	absorbierter Strahlungsfluß
Φ_F	W	Strahlungsfluß der emittierten Fluoreszenzstrahlung
Ψ		Filtergüte

<u>Indizes</u>

F_S	Fluoreszenz einer Schicht mit der Standarddicke δ_S
F_x	Fluoreszenz einer Schicht mit unbekannter Dicke δ_x
S	Standard (aus Messungen bekannt)
St	Bezogen auf Fluoreszenzstandard
X	Unbekannte

1   Einleitung

Pneumatische Systeme für Steuerungs- und Antriebsfunktionen werden
in der Praxis vor allem zur Mechanisierung und Automatisierung
produktionstechnischer Prozesse eingesetzt, wobei die Anwendungs-
möglichkeiten vom Bereich der sogenannten "Low-Cost-Automation"
bis zur pneumatisierten Großanlage reichen /1/.
Die Anforderungen an pneumatische Geräte bezüglich Betriebsverhalten, Lebensdauer und Zuverlässigkeit sind hoch. So wird für Druck-
luftventile eine Mindestlebensdauer von 20 Mio Schaltungen /2/,
für Druckluftzylinder eine zurückgelegte Wegstrecke von 3.600 km
/3/ gefordert. Außer einer ausreichenden Lebensdauer müssen pneumatische Geräte eine hohe Zuverlässigkeit aufweisen. Wie aus einer
in den USA durchgeführten Untersuchung /4/ hervorgeht, haben ca.
20 % aller durch Defekte hervorgerufenen Maschinenstillstandszei-
ten ihre Ursache in Ventildefekten der pneumatischen Anlage.
Die in Druckluftgeräten erforderlichen Dichtungen beeinflussen das
Betriebsverhalten und die Betriebssicherheit von pneumatisch ge-
steuerten und angetriebenen Einrichtungen. Elementeausfälle z.B.
infolge Undichtheit oder Reibungserhöhung und daraus folgende Ma-
schinenstillstände haben ihre Ursache meist in einem Versagen der
Dichtelemente. Neben Spaltdichtungen kommen elastische Dichtungen
(Berührungsdichtungen) zum Einsatz. Wie <u>Bild 1</u> zeigt, wirken auf
diese Dichtelemente unterschiedliche Einflüsse.
Die Erfassung charakteristischer Größen des tribologischen Systems
Berührungsdichtung/Lauffläche läßt sich auf die Messung von
Grundgrößen zurückführen. Die wichtigste Größe ist die bei der
translatorischen Bewegung auftretende Reibkraft bzw. das Reibmo-
ment bei Rotation. Reibungswiderstände, die von der Relativbe-
wegung zwischen den Kolbendichtungen und der Lauffläche herrüh-
ren, setzen den Wirkungsgrad eines Zylinders herab und müssen
deshalb durch ausreichende Schmierung minimiert werden.
Die Kraftübertragung von bewegten auf ruhende Maschinenteile erfolgt im Bereich der Vollschmierung ausschließlich durch Flüssig-
keitsdrücke. Mit experimentellen Druckmessungen kann man den tatsächlichen Verlauf der Spalthöhe während des Betriebes einer
Dichtung erfassen. Mit diesen Aussagen können Dichtungen beurteilt und konstruktive Verbesserungen abgeleitet werden.

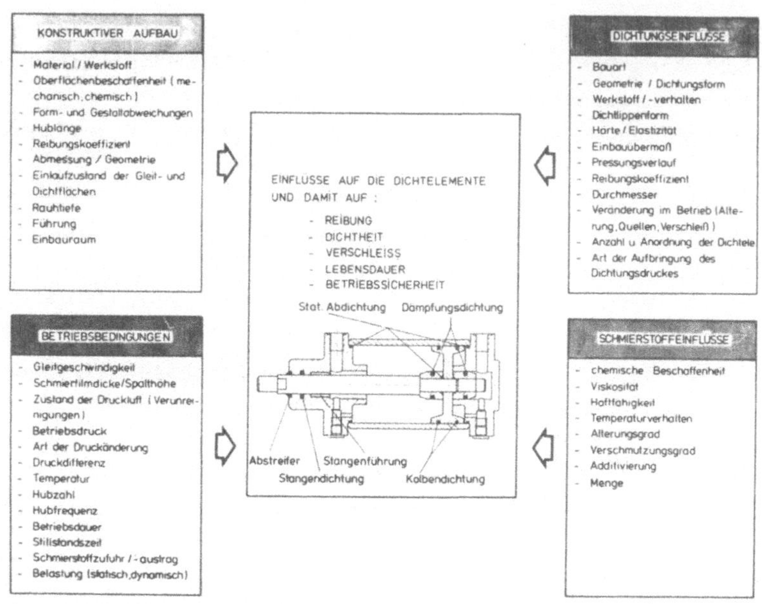

<u>Bild 1</u>: Einflüsse auf Dichteelemente am Beispiel eines pneumatischen Zylinders /5,6/

Maßgeblichen Einfluß auf die hydrodynamische Druckentwicklung zwischen geschmierten Gleitflächen hat die Spaltgeometrie. Für grundlegende experimentelle Untersuchungen an geschmierten Berührungsdichtungen ist deshalb die meßtechnische Erfassung des Spaltver-
laufs bzw. der Schmierspalthöhe und deren im Betrieb auftretende
Veränderungen besonders wichtig. Bei Kenntnis der Schmierspalthöhe
lassen sich Schmierstoffaustrag, Reibung, Verschleiß, Lebensdauer
und andere das Betriebsverhalten von Berührungsdichtungen bestimmende Wechselwirkungen abschätzen.

In der vorliegenden Arbeit wird ein Meßverfahren beschrieben, mit
dem auf fluoreszenzphotometrischem Wege die durch den Dichtspalt
strömende Schmierstoffmenge ermittelt wird. Aus der - nach überfahren durch einen Zylinderkolben - außerhalb der Reibstelle vorliegenden Restschmierfilmdicke kann auf die Spalthöhe im Reibspalt geschlossen werden.

Die Ziele der Arbeit sind:

- Entwicklung eines Verfahrens zur Dickenmessung dünner Schmier-
  filme
- Herleitung des Zusammenhangs zwischen gemessener Filmdicke und
  der in der Berührungszone vorliegenden Spalthöhe
- Auslegung des Meßverfahrens im Hinblick auf die praktische
  Anwendung
- Erfassung der die Messung beeinflussenden Faktoren
- Anwendung des Meßverfahrens zur Erfassung unterschiedlicher
  Betriebszustände an Druckluftzylindern.

Die Untersuchungen werden beispielhaft an den Dichtungen zwischen
Kolben und Zylinderlaufbahn eines Druckluftzylinders durchgeführt.

2 Schmierung pneumatischer Geräte

2.1 Schmierverfahren

Mit Druckluft betriebene Geräte benötigen im allgemeinen eine dosierte Schmierstoffzufuhr als Voraussetzung für gesicherte Funktion und lange Lebensdauer. Der Schmierstoff soll dabei Reibung vermindern, den Verschleiß von aufeinandergleitenden Bauteilen gering halten und die Geräte vor Korrosion schützen. Zur Schmierung werden die in Bild 2 dargestellten Verfahren angewendet.

	SCHMIERVERFAHREN			
VERGLEICHSKRITERIEN	Ölnebel-schmierung	Impuls-öler	Lebensdauerschmierung (eingeschrankter Trockenlauf)	Trockenlauf (uneingeschrankter Trockenlauf)
Schmierstoffzufuhr	Dauerdurchlauf-schmierung	Intervall-schmierung	Lebensdauer-schmierung	entfallt
erforderliche Gerate	Direkt- oder In-direktoler	Impulsoler	entfallt	entfallt
verwendete Schmierstoffe	Mineral- oder Syntheseole mit Viskositaten von v = 20-27 m^2/s		Fette bzw Fett-Fest-stoffmischungen Suspensionen	selbstschmierende Werkstoffe Sonderschmierstoffe
geratetechnischer Aufwand	gering Ein Oler fur mehrere Gerate	sehr hoch Ein Impulsoler fur jedes Arbeitselement	gering Sonderdichtungen	mittel Sonderdichtungen Sonderwerkstoffe
geratetechnische Einschrankungen / Anwendungsgrenzen	keine Fur alle pneumatischen Gerate geeignet		Fur Drehantriebe nicht geeignet Fur Zylinder mit Einschrankungen Spezialdichtungen erforderlich	
Lebensdauer der Gerate	hoch	hoch	Ventile hoch Zylinder mittel	Ventile mittel Zylinder gering
Emissionen und E Menge	Olnebel, Abrieb sehr hoch	Olnebel, Abrieb mittel bis hoch	(Abrieb) keine (geringe)	(Abrieb) keine
erforderliche Druckluftqualitat	sehr gering gefilterte Druckluft (50 μm) ausreichend		hoch Feinfilterung Drucklufttrockung	hoch Feinstfilterung Drucklufttrocknung

Bild 2: Vergleich verschiedener Schmierverfahren für pneumatische Bauelemente

Beim Einsatz von Ölnebelgeräten trägt nur ein geringer Teil der in die pneumatische Anlage eingegebenen Schmierstoffmenge zur Schmierung bei. Der größte Teil des Schmierstoffes tritt beim Entlüften zusammen mit der Abluft über die Schalldämpfer in Tropfen- oder Nebelform in die Umgebungsluft, was insbesondere bei der Entlüftung großvolumiger Zylinder zu einer starken Umweltbelastung führt. Ein weiterer Nachteil dieses Schmierverfahrens ist, daß

bei größeren Anlagen, bei denen das Leitungsnetz ungünstig verlegt ist, eine starke Ölabscheidung stattfindet, die zu einem Versagen der Ventile oder Zylinder führen kann /7/.
Nicht nur wegen der hohen Anschaffungskosten von Impulsölern, sondern auch durch den hohen Verschleiß und die daraus folgende geringe Zuverlässigkeit und Lebensdauer von trocken laufenden Elementen hat sich als brauchbare Alternative zur Ölnebelschmierung bis jetzt nur die sogenannte Initialschmierung durchgesetzt.

2.2 Schmierfilmveränderung durch Berührungsdichtungen

Die Abdichtwirkung einer Berührungsdichtung wird durch eine Vorspannung erzielt, die die Folge des radialen Übermaßes ist. Für die Lebensdauer eines Zylinders sind diejenigen Berührungsdichtungen entscheidend, bei denen bewegte Maschinenelemente abgedichtet werden, also:

- Kolbendichtung
- Stangendichtung
- Dämpfungsdichtung

Typische und in der Pneumatik zur Abdichtung zwischen Kolben und Zylinderlaufbahn häufig verwendete Formen von Berührungsdichtungen sind Nutringe mit symmetrischem oder unsymmetrischem Profil und Komplettkolben, die aus einer Doppeltopfmanschette mit einvulkanisierter Stahlscheibe bestehen /8/.
Bei Verwendung einer Berührungsdichtung zur Abdichtung eines Kolbens oder einer Kolbenstange bleibt bei hydrodynamischen Schmierverhältnissen im Reibspalt, d.h. wenn Kolbendichtung und Zylinderlaufbahn vollständig durch einen Schmierfilm voneinander getrennt werden und keine Berührung zwischen den Reibpartnern stattfindet, auf der Kolbenstange oder der Zylinderlaufbahn eine bestimmte Schmierstoffmenge zurück. Beim Betrieb eines hydraulischen Zylinders muß die Stangendichtung den Schmierfilm möglichst vollständig von der Stangenoberfläche abstreifen, um einen Schmierstoffaustrag aus dem Zylinder und daraus folgende unerwünschte Leckverluste zu vermeiden. Dies ist nur dadurch möglich, daß die Dichtung im Mischreibungsgebiet arbeitet. Werden Stangendichtungen hydrodynamisch geschmiert, so muß der beim Vorhub aus dem Zylinder ausgetragene Schmierfilm beim Rückhub wieder in den Zylinder gefördert werden. Dieser Vorgang ist jedoch von der jeweili-

gen Geschwindigkeit abhängig. Es gelingt in der Praxis meist nicht
einen derartigen Schmierzustand zu erreichen. Kolbenstangendich-
tungen werden deshalb auf optimale Pressungsverteilung und maximale Abstreifwirkung hin ausgelegt /9/, wobei häufig kritische
Schmierverhältnisse (Mischreibung) und damit hoher Verschleiß der
Dichtungen in Kauf genommen werden müssen. Im Gegensatz dazu wird
bei den Kolbendichtungen von Druckluftzylindern eine geringe Abstreifwirkung angestrebt. Die Gründe dafür können aus <u>Bild 3</u> hergeleitet werden:

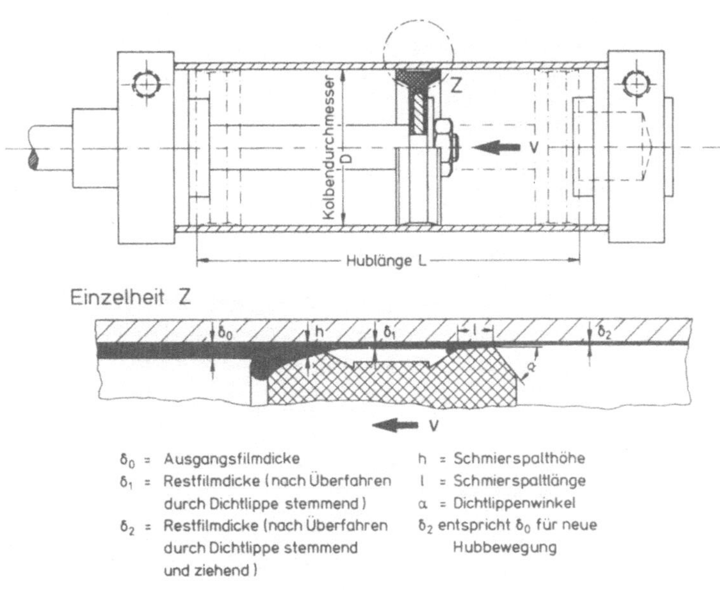

<u>Bild 3</u>: Veränderung der auf der Kolbenlaufbahn vorliegenden
Schmierfilmdicke δ_0 durch eine Kolbendichtung

Bei Druckluftzylindern wird bei der Montage eine bestimmte Menge
Schmierstoff mit der Ausgangsfilmdicke δ_0 auf die Zylinderlaufbahn aufgebracht (Initialschmierung). Wird der Zylinderkolben in
Bewegung gesetzt, so wird beim Vorlauf ein Teil des Schmierstoffes durch die stemmende Dichtlippe abgestreift und an das Hub-
ende geschoben. Unter der Dichtlippe bildet sich bei der Bewegung
ein Schmierspalt mit der Spalthöhe h aus. Der nicht abgestreifte
Schmierstoff tritt durch den Dichtspalt und hat hinter der stem-

menden Dichtlippe die Dicke δ_1. Wird nun dieser Schmierfilm
durch die ziehende Dichtlippe weiter verringert, so liegt nach
Überfahren durch den kompletten Kolben die Restfilmdicke δ_2 auf
der Zylinderlaufbahn vor. Diese Abnahme des Schmierfilms wird
von Kragelski /10/ "Schmierfilmverschleiß" genannt. Die Restfilmdicke δ_2 ist nun die Ausgangsfilmdicke δ_0 für den Rückhub.
Beim Einsatz eines ölnebelgeschmierten Zylinders wird die Restfilmdicke durch kontinuierliche Zufuhr von neuem Schmierstoff ergänzt.
Bei einem initialgeschmierten Zylinder dagegen wird nach einer bestimmten Hubzahl die Filmdicke δ_0 so dünn , daß im Reibspalt kein
tragfähiger Schmierfilm mehr aufgebaut werden kann. Es kommt zur
Mischreibung, d.h. zur Berührung zwischen Dichtung und Lauffläche.
Die Folgen sind Reibungserhöhung und Dichtungsverschleiß.
Die Zielgrößen bei der Entwicklung einer "idealen" Dichtung für
die Kolben pneumatischer Zylinder sind somit

- hohe Dichtwirkung
- minimale Abstreifwirkung
- maximale Schmierspalthöhe
- minimale Reibung
- minimaler Verschleiß.

2.3   Schmierungstechnische Grundlagen

Beim Betrieb von gleitenden Berührungsdichtungen für pneumatische
und hydraulische Geräte gelten die aus der Gleitlagertechnik über-
nommenen Grundlagen, die in theoretischen und praktischen Untersuchungen zur Bestimmung von Leckverlusten, Reibung, Schmierfilmausbildung und Lebensdauer herangezogen werden. Bei einer Kolbendichtung erhält man eine Minimierung von Reibung und Verschleiß,
wenn die beiden Reibflächen, nämlich Dichtung und Zylinderlauffläche, durch den in zusammenhängender Schicht vorliegenden
Schmierstoff völlig voneinander getrennt sind /11/. Die Ausbildung
dieser Schmierstoffschicht hängt bei elastischen Dichtungen ab von

- der Gleitgeschwindigkeit an der Dichtfläche
- der dynamischen Zähigkeit des Schmierstoffes
- der Form und Länge des Schmierspaltes
- dem Druckverlauf im Schmierspalt (Dichtungspressung).

Die schmierungstechnischen Grundlagen für Berührungsdichtungen
können aus den in /12,13/ am Beispiel eines ebenen Gleitschuhs
allgemein dargelegten Zusammenhängen abgeleitet werden. Die Aufnahme von (aus der Druckverteilung im statischen Zustand herrüh-
renden) Druckkräften durch eine Schmierstoffschicht ist nur dann
möglich, wenn der Gleitschuh gemäß <u>Bild 4</u> eine Neigung aufweist.

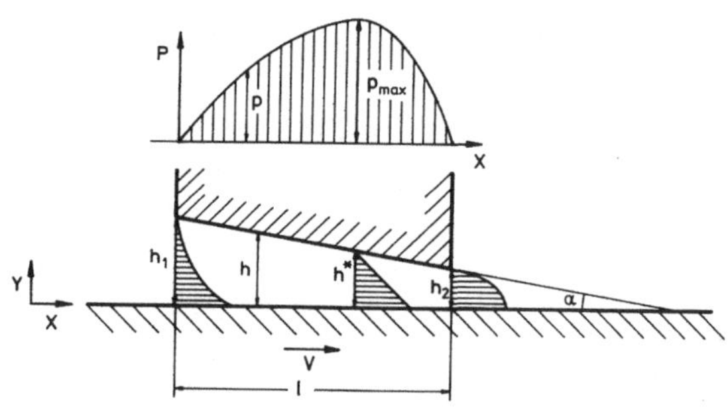

<u>Bild 4</u>: Herleitung der schmierungstechnischen Grundlagen für
Berührungsdichtungen am Beispiel des ebenen Gleitschuhs
nach /12,13/

Aus Vereinfachungsgründen nimmt man bei der Betrachtung der
Schmierverhältnisse des Gleitschuhs an, daß dieser stillsteht und
die Führung mit der Geschwindigkeit v bewegt wird. Wenn der
Schmierstoff an beiden Flächen haftet, gilt für die Geschwindigkeit u der Schmierstoffschicht an der Führung u = v, am stillstehenden Gleitschuh gilt u = v = O. Die Kontinuität fordert nun, daß
durch den vorderen Querschnitt mit der Spalthöhe h_1 die gleiche
Schmierstoffmenge eintritt, die beim Spalt h_2 austritt. Dies ist
aber nur möglich, wenn der Inhalt der Geschwindigkeitskurven
gleich ist.

Die differentielle Druckänderung im Schmierspalt wird nach /12/,
bei Vernachlässigung der Trägheitsglieder für das Gleichgewicht
in Bewegungsrichtung, durch die folgende Gleichung beschrieben:

$$\frac{dp}{dx} = \eta \frac{\partial^2 u}{\partial y^2}$$

(2-1)

Eine Änderung des Druckes im Schmierspalt ist nur möglich, wenn $\partial^2 u / \partial y^2 \neq 0$ ist. Wenn sich der Druck in Bewegungsrichtung ändert, so muß er zunächst ansteigen und am Ende des Spaltes wieder auf einen bestimmten Betrag zurückgehen. Somit muß sich eine Druckverteilung p (x) ergeben, wie sie in Bild 4 schematisch dargestellt ist. Dies bedeutet aber, daß der Druck ein Maximum haben muß. Da an dieser Stelle dp/dx = 0 ist, folgt aus $\partial^2 u / \partial y^2 = 0$ daß die Geschwindigkeitsverteilung an dieser Stelle linear verlaufen muß.

Diese für den ebenen Gleitschuh hergeleiteten Grundlagen kann man nun auf die Verhältnisse bei der Schmierung einer Kolbendichtung übertragen. Die Kolbenlaufbahn entspricht dabei der bewegten Führung, die Kolbendichtung dem stillstehenden Gleitschuh.

Bei einer Berührungsdichtung kann man dem Druckverlauf, der hydrodynamisch im Schmierspalt erzeugt wird, die Pressungsverteilung im statischen Zustand (ohne Filmausbildung) gleichsetzen. Dies wird von Blok /14/ dadurch begründet, daß die durch den Einbau bedingte Deformation der elastischen Dichtung so groß ist, daß beim Betrieb die zusätzliche Deformation infolge der Ausbildung eines hydrodynamischen Schmierfilms vernachlässigt werden kann.

Nach <u>Bild 5</u> wird der in drucklosem Zustand auftretenden Berührungspressung p_i während des Betriebes der Arbeitsdruck p_e überlagert, so daß eine resultierende Gesamtpressung p entsteht /15/.

Für die Beziehung zwischen dem Druckverlauf dp/dx und der jeweiligen Spalthöhe h in Bewegungsrichtung x gilt allgemein bei Vernachlässigung der Trägheitskräfte die Reynolds'sche Gleichung /16/:

$$\frac{dp}{dx} = 6 \cdot \eta \cdot u \left(\frac{h - h^*}{h^3} \right) \qquad (2-2)$$

Dabei ist h* der Wert der Schmierspalthöhe beim Druck p_{max}, d.h. an der Stelle dp/dx = 0. In Gleichung (2-2) wird vorausgesetzt, daß keine seitlichen Leckverluste auftreten, was bei einer ringförmigen Dichtung gegeben ist.

Wenn diese Schmierspalthöhe h* bekannt ist, kann die bei einer bestimmten Geschwindigkeit v durch den Schmierspalt strömende Schmierstoffmenge, d.h. die Lässigkeit q bestimmt werden. Bei einer Dichtung mit dem Durchmesser D erhält man nach /17,18/:

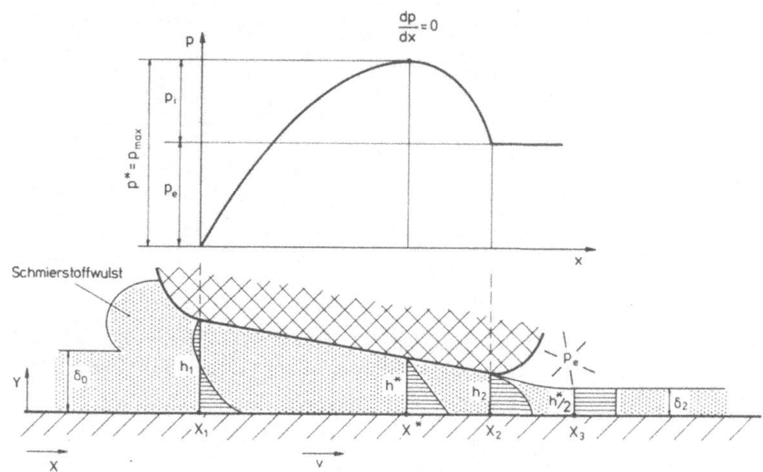

Bild 5: Schmierspaltform und Druckverlauf einer Berührungsdichtung am Beispiel eines O-Ringes

$$q = \pi \cdot D \cdot v \cdot \frac{h^*}{2} \qquad\qquad (2-3)$$

Für diese Schmierstoffmenge q muß entsprechend der Kontinuitäts-
gleichung an den Stellen x*, x_2 und x_3 gelten:

$$q(x^*) = q(x_2) = q(x_3) = \text{const}$$

Auf der Zylinderlaufbahn bleibt nach Überfahren durch die Dichtung
entsprechend Bild 5 ein Schmierfilm mit der Dicke δ_2 zurück. Für
diese Dicke δ_2 gilt

$$\delta = \frac{h^*}{2} \qquad\qquad (2-4)$$

Die außerhalb einer Berührungsdichtung auftretende Schmierfilmdicke ist also genau halb so groß wie die im Spalt an der Stelle

des Pressungsmaximums vorliegende. Aus diesem direkten Zusammenhang zwischen der Leckrate q und der Schmierfilmdicke h* an der
Stelle dp/dx = 0, d.h. am Pressungsmaximum, läßt sich bei bekann-
tem h* die Leckrate errechnen - andererseits ist aber sowohl aus
der Leckrate q als auch aus der auf der Zylinderoberfläche zurückbleibenden Schmierfilmdicke δ_2 ein Rückschluß auf h* möglich.

Der kritische Punkt bei einer derartigen Betrachtungsweise ist
der Übergang aus dem Schmierspalt - in dem der Schmierstoff unter
Überdruck steht, in den unter Umgebungsdruck (Atmosphäre) stehenden
Raum hinter der Dichtung. Wie Dowson und Higginson in /19/ be-
merken, kann an dieser Stelle x_2 ein Drucksprung auftreten, so
daß unter Umständen Kavitationserscheinungen auftreten können.
Derartige Verhältnisse sind gegeben, wenn der Punkt x_2 mit
der geringsten Spalthöhe h_2 nicht mit dem Ende des Schmierspaltes
zusammenfällt. Dies ist der Fall, wenn der Schmierspalt einen kon-
vergenten und einen divergenten Bereich entsprechend <u>Bild 6</u> hat.
Kavitationsvorgänge können nach /20,21/ auf der Kolbenlaufbahn zu
einer "streifenförmigen" Ausbildung des außerhalb der Reibstelle
vorliegenden Schmierfilms in Achsrichtung des Zylinders führen.
Der Grund dafür ist die Entgasung, d.h. das Austreten von im
Schmierstoff gelöster Luft. Im Mineralöl kann sich, abhängig vom
Druck eine bestimmte Menge Luft lösen. Genauere Untersuchungen zu
diesem Problem stammen von Müller /22/.
Wird wie bei den in dieser Arbeit beschriebenen experimentellen
Untersuchungen die Spalthöhe h^+ durch Messung der Filmdicke
ermittelt, so hat bei richtiger Einstellung der Meßgeräte ein Aufreißen des Schmierfilms keinen Einfluß auf das Meßergebnis. Dies
läßt sich mit Hilfe der Kontinuitätsbedingung q = const. wie folgt
begründen:

Ist b eine angenommene Schmierspaltbreite, so gilt für die Stelle
x*

$$q(x^*) = v \cdot b \cdot \frac{h^*}{2} \qquad (2\text{-}5)$$

Wird der Querschnitt des Ölfadens näherungsweise rechteckig angenommen und ist b_{ges} die Summe der Ölfadenbreiten b_f, so gilt
mit der Filmdicke δ im Ölfaden

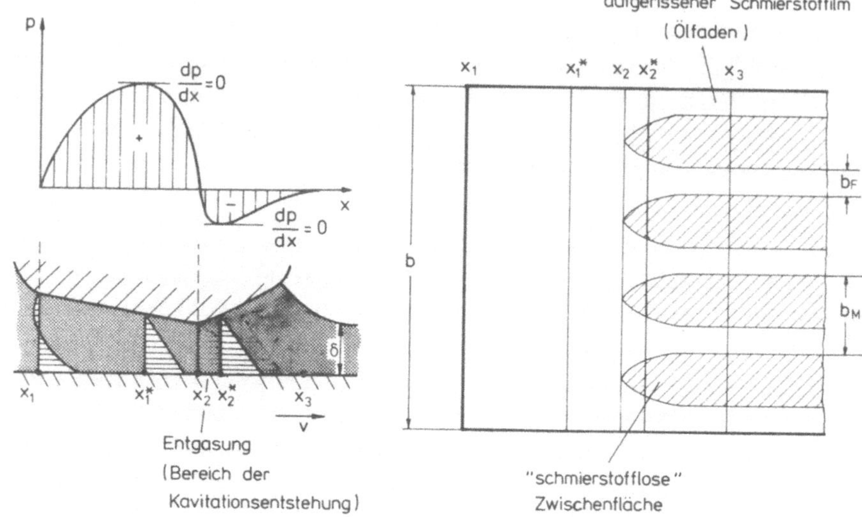

<u>Bild 6</u>: Darstellung der Verhältnisse beim Auftreten von Kavitation
Hier: Dichtspalt mit konvergentem und divergentem Bereich
nach /22/

$$q(x_3) = v \cdot b_{ges} \cdot \delta \tag{2-6}$$

Es ist also

$$b_{ges} \cdot \delta = b \cdot \frac{h^*}{2} \tag{2-7}$$

Verwendet man zur Schmierfilmdickenbestimmung das zum Beispiel von
Crook /23/ beschriebene, berührende Meßverfahren, dann werden die
Ölfäden durch die auf der Ölschicht "schwimmenden" Meßaufnehmer
eingeebnet – die gemessene Schicht hat die Dicke $\delta_2 = h^*/2$.

Mit dem im Rahmen dieser Arbeit vorgestellten, berührungslos arbeitenden Meßverfahren wird ebenfalls der Meßwert $\delta_2 = h^*/2$ ermittelt,
wenn gewährleistet ist, daß durch den Meßfleck mindestens ein Bereich mit der Breite b_M aus der gesamten Schmierfilmbreite b herausgegriffen wird. Dies ist, wie später in Abschnitt 5.3.3 gezeigt
wird, durch Verwendung von Blenden möglich.

3   Analyse bekannter Verfahren zur Messung der Schmierspalthöhe h*

Die Bestimmung der Schmierspalthöhe h* kann unter Verwendung eines der in <u>Bild 7</u> dargestellten Meßverfahren erfolgen.

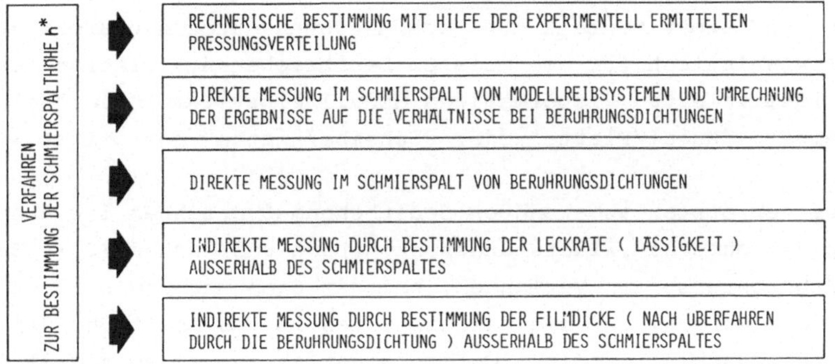

<u>Bild 7</u>: Verfahren zur Messung der Schmierspalthöhe h*

3.1   Rechnerische Ermittlung von h* mit Hilfe der Druckverteilung

Grundlegende Arbeiten zur rechnerischen Ermittlung der Schmierspalthöhe h* stammen von Müller /9,15,17,18, 24/, Blok /14/ und Hirano und Kaneta /25/. Voraussetzung für diese Art der Spalthöhenermittlung ist, daß die Pressungs- bzw. Druckverteilung im Schmierspalt z.B. durch das von Müller beschriebene Druckkompensationsverfahren experimentell bestimmt wird. Bei Dichtungen mit geringer Spaltlänge (scharfkantige Dichtlippe), wie sie in der Pneumatik z.T. eingesetzt werden, ist dieses Meßverfahren nur bedingt einsetzbar.

3.2   <u>Direkte Messung im Schmierspalt von Modellreibsystemen</u>

Grundlagen über die Messung von Schmierspalthöhen werden theoretisch und experimentell von verschiedenen Autoren erarbeitet. Charakteristisch für die meisten beschriebenen Verfahren ist, daß mit idealisierten, labormäßigen Modellreibsystemen wie "Scheibe/ Scheibe", "Kugel/Platte" oder "Scheibe/Platte" gearbeitet wird /26/.

Eines der ersten angewandten Spalthöhenmeßverfahren ist die Messung des ohmschen Widerstandes nach Lane und Hughes /27/. Cameron /28/ beschreibt ein Verfahren, bei dem Spannung und Stromstärke gemessen werden, für die bei einer bestimmten Spalthöhe der Spannungsdurchschlag erfolgt. Optische Verfahren werden angewendet, um nicht nur eine Aussage über die Schmierspalthöhe, sondern auch über den Verlauf des Schmierspaltes zu erhalten. Gohar und Cameron /29/ beispielsweise drücken eine rotierende Stahlkugel gegen eine Glasplatte, wobei sich Schmierspalthöhe und -verlauf mit Hilfe der newtonschen Ringe bestimmen lassen. Bei dem von Sibley und Orcutt /30/ entwickelten Meßverfahren wird ein paralleles, monochromatisches Bündel von Röntgenstrahlen tangential auf die Berührungsstelle der geschmierten Reibpartner gerichtet. Die durch den Spalt dringenden Röntgenstrahlen werden registriert und ermöglichen die Bestimmung der Schmierspalthöhe. Umfangreiche Messungen mit einem Meßverfahren, das den bisher beschriebenen teilweise überlegen ist, werden von Brüser in /31/ veröffentlicht. Er mißt den kapazitiven Widerstand zwischen zwei Reibpartnern, die durch den als Dielektrikum wirkenden Schmierfilm getrennt sind.

3.3   <u>Direkte Messung im Schmierspalt von Berührungsdichtungen</u>

Verschiedene Autoren versuchen, unter Verwendung der speziell für die Untersuchung der Schmierverhältnisse bei Wälzlagern und Getrieben entwickelten Meßverfahren die Schmierspalthöhe beim Betrieb von elastischen, dynamisch betriebenen Dichtungen zu bestimmen. Dabei stehen die Dichtungen bei hydraulischen Geräten im Vordergrund. Bei vielen Experimenten hat sich herausgestellt, daß diese Meßverfahren zur Bestimmung der Schmierspalthöhe von Berührungsdichtungen nur bedingt verwendbar sind, so daß vielfach Ergebnisse aus Versuchen mit "simulierten Dichtungen" /32/ vorgestellt werden. Die Ursachen dafür sind die Werkstoffe der verwendeten Dichtungen, meist Elastomere, und deren starke Verformbarkeit bei Belastung.

Zur qualitativen Messung der Filmdicke bei Dichtungen für oszillierende Linearbewegungen verwenden O'Donoghue und Lawrie /34/ zwei Meßverfahren. Bei einem wird, ähnlich wie bei Lane und Hughes /27/, der Widerstand zwischen einer elektrisch leitenden Gummidichtung und der Kolbenstange bestimmt. Bei dem anderen Verfahren messen sie die Schmierspalthöhe durch besondere Beleuchtungstechnik der in einem gläsernen Zylinder laufenden Dichtungen.

Die von Field und Nau /32/ vorgestellten Ergebnisse werden mit Hilfe einer in die Kolbenstange eingebetteten Sonde zur Kapazitätsmessung erhalten. Ähnlich arbeitet der von Dowson und Swales /33/ beschriebene Versuchsaufbau. Sie messen, vergleichbar mit Brüser /31/, direkt die Kapazität zwischen einem elektrisch leitenden Gummistück und einer Stahlscheibe. Mit der optischen Interferenz wird von Roberts und Swales /35/ nicht nur die Schmierspalthöhe, sondern auch die geometrische Form des Schmierspaltes erfaßt. Daneben ist zur direkten Messung der Vorgänge im Spalt auch das von Schouten /36/ beschriebene Meßprinzip anwendbar. Hier werden sehr kleine Meßfühler, die druck- oder temperaturempfindlich sind, auf die reibenden Oberflächen aufgebracht. Damit lassen sich Aussagen über den Verlauf der Filmdicke und die Druckverhältnisse im Spalt ableiten.
Bei diesen über das Gebiet der Schmierung bei elastischen Dichtungen an hin- und hergehenden Maschinenteilen veröffentlichten Arbeiten widersprechen sich die Versuchsergebnisse zum Teil. Die Ursache dafür sind die erwähnten Schwierigkeiten bei der Messung schmierungsrelevanter Größen /37/.

3.4   Indirekte Messung außerhalb des Schmierspaltes

3.4.1   Schmierspalthöhenbestimmung aus der Leckrate

Eines der ersten Verfahren zur Messung der Filmdicke aus der Leckrate bei Dichtungen für oszillierende Linearbewegungen stammt nach /33/ von White und Denny. Im Experiment wird die Dichtung durch eine zentral mit Öl versorgte Gummischeibe simuliert. Als Maß für die mittlere Filmdicke wird die Leckrate unter der Gummischeibe herangezogen. Denny veröffentlicht in /38/ ein weiteres Meßverfahren: Er bestimmt die Leckrate bei hydraulischen Geräten mit Hilfe eines ölabsorbierenden Materials (gravimetrische Bestimmung). Hörl /39/ ermittelt aus den Abmessungen des nach einem Doppelhub am Kolbenstangenende entstehenden Schmierstoffwulstes eine mittlere Spalthöhe. Dieser Meßwert entspricht jedoch nicht der tatsächlichen Schmierspalthöhe, sondern es handelt sich um den Unterschied zwischen den beim Vor- und Rückhub auftretenden Werten. Die Schwierigkeiten bei der Bestimmung der Spalthöhe aus der Leckrate haben ihre Ursache in den sehr geringen Ölmengen. Sammelt man die bei einer sehr großen Hubzahl auftretende Gesamtleckölmenge, so läßt sich daraus, wie eben beschrieben, nur der Spalthöhenunterschied ermitteln.

3.4.2   Schmierspalthöhenbestimmung aus der Filmdicke

Die Messung von Filmdicken auf technischen Oberflächen ist ein Problem, das in der Praxis beim Aufbringen metallischer oder nichtmetallischer Überzüge auf Stahl und Nichteisenmetalle, z.B. in der Lackier- oder Galvanotechnik, oder auch beim Aufdampfen dünner Schichten auf optische oder elektronische Bauteile auftritt. Zur Messung dünner und transparenter Schmierfilme auf festen Oberflächen bieten sich von den bekannten Meßverfahren /40/ die in Bild 8 dargestellten an. Prinzipiell kann unterschieden werden in berührende Verfahren, die den Flüssigkeitsfilm zerstören, und in solche, bei denen die Filmdickenmessung berührungslos erfolgt.

Bild 8: Meßverfahren zur Bestimmung der Dicke dünner Schichten

3.4.2.1 Berührende Filmdickenmeßverfahren

Berührende, mechanisch arbeitende Meßverfahren zur Dickenbestim-
mung einer Flüssigkeitsschicht sind in der Lackier- bzw. Beschich-
tungstechnik gebräuchlich und zum Teil international genormt /41/.
Die Meßwerterfassung erfolgt mit Hilfe von einfach anzuwendenden
Meßrädern, Meßkämmen oder Meßspitzen /42,43/. Diese Verfahren
sind zur Bestimmung der Dicke farbloser, aus Mineralöl bestehender
Flüssigkeitsfilme nur bedingt geeignet. Insbesondere bei geringen
Filmdicken, die im Bereich der Oberflächenrauheit des Trägermäte-
rials liegen oder bei örtlich unterschiedlichen Filmdicken ist
eine Messung unmöglich. Dies gilt auch für gravimetrische Verfahren, bei denen durch Wägen nur eine mittlere Filmdicke bestimmt
werden kann. Weitere Nachteile sind, daß keine Erfassung an bewegten beschichteten Teilen möglich ist und daß Filmdicken nur auf

ebenen bzw. zylindrischen Trägermaterialien gemessen werden können /44/.
Im Gegensatz zu den eben genannten Verfahren, bei denen Anwendungsfälle aus dem Bereich der Schmierungstechnik nicht bekannt
sind, werden kapazitive Verfahren häufig eingesetzt (siehe auch
Abschnitte 3.2 und 3.3).
So versuchen beispielsweise Kambayashi und Ishiwata /45/, die Leck-
ölmenge auf einer Kolbenstange durch direkte Bestimmung der auf
der Oberfläche vorliegenden Filmdicke zu messen. Sie verwenden dazu ein Gerät, das die Kapazitätsunterschiede zwischen benetzter
und trockener Kolbenstange mißt.
Ähnliche Untersuchungen bei einem Modellreibsystem werden von
Crook /23/ beschrieben: Er ermittelt die in der Berührungsstelle
zwischen zwei aufeinander abrollenden Scheiben auftretende Spalthöhe außerhalb der Berührungsstelle. Dazu verwendet er kleine
Metallplättchen, die auf dem Schmierfilm gleiten. Die Kapazität
zwischen Rolle und Scheibe ist ein Maß für die Filmdicke.

3.4.2.2. Berührungslose Filmdickenmeßverfahren

Bei berührungslos arbeitenden Filmdickenmeßverfahren handelt es
sich vor allem um lichtoptische Verfahren. Am häufigsten in der
Praxis angewendet wird das Lichtschnitt-Verfahren, das sich für
die Dickenmessung an flüssig-transparenten Schichten eignet.
Bei der Lichtmikroskopie werden die in bestimmten Höhen liegenden
Objektebenen einer transparenten Schicht gemessen, wobei die
Lichtbrechung der Schicht berücksichtigt werden muß /46/.
Eine genauere Messung von sehr dünnen Schichten ist mit interfe-
renzoptischen Verfahren möglich. Die interferenzoptische Dicken-
meßmethode beruht auf der Überlagerung (Interferenz) mehrerer
Lichtwellenzüge und der sich dabei ergebenden Intensitätsunter-
schiede /46/.
Eine Sonderstellung unter den optischen Meßverfahren nimmt die
Ellipsometrie ein, mit der transparente (und optisch absorbieren-
de) Schichten bis $\delta = 10^{-10}$ m Dicke bestimmt werden können. Die
Meßwerterfassung erfolgt durch Erfassung der Veränderung der Licht-
polarisation infolge der zu messenden Schicht. Die Schichtdicke
selbst ist nur mit Hilfe einer Rechenanlage ableitbar /47,48/.

Bei allen bisher genannten optischen Filmdickenmeßverfahren ist die Meßwerterfassung und -auswertung umständlich und auf nicht bewegte Maschinenelemente beschränkt. Eine Anwendung für den vorgesehenen Einsatzfall ist nur bedingt möglich.

Im Gegensatz dazu sind mit dem Lichtabsorbtions- und dem Lumineszenz-Meßverfahren auch Messungen an bewegten Flüssigkeitsfilmen möglich. Bei der Absorbtionstechnik wird der durch den Flüssigkeitsfilm absorbierte spektrale Strahlungsfluß als Maß für die Filmdicke herangezogen. Wie aber Hewitt und Lovegrove /49/ berichten, ist die Auflösung bei kleinen Filmdicken nicht ausreichend.

Im Vergleich zu der Absorptionstechnik, bei der Flüssigkeitsfilme nur im Durchlicht betrachtet werden können (der zu untersuchende Film muß also auf einem transparenten Körper aufgebracht werden), kann man beim Lumineszenzverfahren im Auflicht arbeiten. Der der Flüssigkeit zugesetzte Farbstoff lumesziert bei geeigneter Bestrahlung. Die Strahlstärke der Lumineszenz ist ein Maß für die Filmdicke und kann mit einem Fotovervielfacher gemessen werden. Dieses Verfahren wird z.B. von Hewitt und Nicholls /50/ zur Sichtbarmachung von Filmströmungsvorgängen an Rohrleitungswänden verwendet.

Die einzige nicht-optische, berührungsfreie Meßmethode ist das Beta-Rückstreuverfahren. Dabei wird aus der Rückstreuzahl von aus einem im Meßkopf befindlichen Radionuklid austretenden Beta-Teilchen auf die Schichtdicke geschlossen. Dieses Verfahren ist auch zur Schmierfilmdickenmessung einsetzbar, Ergebnisse sind in /51/ veröffentlicht.

3.5 Auswahl eines geeigneten Meßverfahrens

Die in dieser Arbeit vorgestellten Schmierfilmdickenmessungen werden mit Hilfe von Lumineszenzmessungen außerhalb des Reibspaltes durchgeführt. Die Gründe für die Verwendung dieses Verfahrens sind folgende:

- Wie in Abschnitt 2.3 gezeigt wird, ist die Bestimmung der im Reibspalt auftretenden Spalthöhe h* anhand der Filmdicke außerhalb des Spaltes möglich.
- Die Filmdicke kann auf der gesamten Kolbenlaufbahn im Zylinder bestimmt werden. So sind örtliche Filmdickenunterschiede erfaß-

- An die Werkstoffe und Abmessungen der untersuchten Kolbendich-
  tungen werden keine Anforderungen gestellt. Es können sämtliche
  Dichtungsarten untersucht werden.
- In die Untersuchungen können nicht nur Schmieröle, sondern auch
  Fette einbezogen werden.

4.1   Physikalische Grundlagen und Begriffsbestimmung

Nach DIN 5031 /52/ versteht man unter Lumineszenz den Vorgang der
Aussendung elektromagnetischer Strahlung durch Materie, soweit
diese für gewisse Wellenlängen oder Spektralbereiche die Tempera-
turstrahlung bei gleicher Temperatur übersteigt. Die Strahlung
ist charakteristisch für die emittierende Materie; sie tritt nur
nach Zuführung der zur Deckung des Energiebedarfs notwendigen Anregungsenergie auf.
Wird ein Stoff mit ultravioletter, sichtbarer oder infraroter
Strahlung bestrahlt, so wird ihm die Energie des erregenden Lichtes in Form von Lichtquanten zugeführt. Trifft ein derartiges
Lichtquant die durch Elektronensysteme dargestellte Peripherie
von Atomen oder Molekülen, so wird das Lichtquant absorbiert, wo-
rauf das betreffende Elektronensystem eine Zunahme seiner Energie
erfährt. Werden diese Lichtquanten als elektromagnetische Strahlen
wieder abgegeben, spricht man von Photolumineszenz. Dabei ist
charakteristisch, daß die anregende Strahlung energiereicher als
die im sichtbaren Bereich emittierte ist /53/.
Bei der "Photolumineszenz" wird zwischen Phosphoreszenz und Fluoreszenz unterschieden. Charakteristisch für die Fluoreszenz ist,
daß die Lichtemission nur solange anhält, wie äußere Energie zugeführt wird - die Energieabgabe erfolgt schnell (im Bereich von
$t = 10^{-8}$ s). Phosporeszierende Stoffe dagegen leuchten auch noch
nach, wenn keine weitere Anregungsenergie mehr zugeführt wird
/54,55/.
In dieser Arbeit werden diese schnellen Lichtemissionsvorgänge,
wie im allgemeinen Sprachgebrauch üblich, als Fluoreszenz und
nicht als Photolumineszenz bezeichnet.

4.2   Maßeinheiten von Strahlungsgrößen

Bei der Bewertung optischer Strahlung unterscheidet man grund-
sätzlich zwischen strahlungsphysikalischen und lichttechnischen
Größen. Jene beziehen sich auf eine rein physikalische, diese dagegen auf eine physiologische Bewertung, die an den Empfindungen
des menschlichen Auges orientiert ist /52/. Bei der Messung

von Strahlungsgrößen in der Fluoreszenztechnik ergeben sich aus
diesem Nebeneinander aber kaum praktische Schwierigkeiten, da in
der Regel keine Absolutwerte, sondern nur Änderungen oder Diffe-
renzen dieser Größen bestimmt werden. Es ist somit weitgehend
gleichgültig, welches Maßsystem man benutzt. Dies hat dazu geführt, daß die internationale analytische Literatur bei der For-
mulierung von Gesetzen, für graphische Darstellungen usw. weitgehend den pauschalen Ausdruck "Intensität" (engl.: intensity)
verwendet, ohne daß dabei ausdrücklich auf eines dieser Maßsyste-
me Bezug genommen würde. Obendrein können je nach dem Zusammenhang mit "Intensität" auch verschiedene Größen innerhalb ein- und
desselben Systems gemeint sein, z.B. einmal die Strahlungsstärke,
ein anderes Mal die Strahlungsleistung /56/.
In dieser Arbeit werden alle physikalischen Größen als energeti-
sche Größen auf der Grundlage von DIN 5031 /52/ angegeben.

4.3   Lambert-Beersches-Gesetz

Wird elektromagnetische Strahlung von einer Substanz absorbiert,
so nimmt ihr Strahlungsfluß Φ ab und zwar um so mehr, je höher
die Konzentration c der absorbierenden Teilchen ist. Diese Vorgänge beschreibt Wünsch /56/ besonders ausführlich. Wenn Φ_O der
Strahlungsfluß der ungeschwächten Anfangsstrahlung und Φ der der
austretenden (geschwächten) Strahlung ist, so erhält man, bei Verwendung dekadischer Logarithmen, einen Zusammenhang zwischen Schichtdicke δ , Konzentration c der gelösten absorbierenden Substanz und
dem   molaren Extinktionskoeffizienten ϵ , der als Gesetz von Bou-
guer-Lambert-Beer bekannt ist:

$$\lg \frac{\Phi_0}{\Phi} = E = \epsilon \cdot c \cdot \delta \qquad\qquad (4-1)$$

Im Gegensatz zur Photometrie, wo die Extinktion E zur Konzentra-
tionsermittlung benutzt wird, interessiert bei der Fluorimetrie
die Emission einer Lösung:
Der gesuchten Konzentration c proportional ist der Strahlungsfluß
Φ_F des emittierten Fluoreszenzlichtes. Φ_F kann höchstens so
groß sein, wie der zuvor von der Substanz absorbierte Strahlungsfluß Φ_{abs}:

$$\Phi_F \leqslant \Phi_{abs} \text{ bzw. } \Phi_F = K \cdot \Phi_{abs}, \text{ wobei } K \leqslant 1$$

Ist Φ_0 der Strahlungsfluß des eingestrahlten Erregerlichtes und Φ der von der Probe durchgelassene, d.h. nicht absorbierte Strahlungsfluß, so ist $\Phi_{abs} = \Phi_0 - \Phi$. Der absorbierte relative Anteil von Φ_0 ist dann

$$\frac{\Phi_{abs}}{\Phi_0} = \frac{\Phi_0 - \Phi}{\Phi_0} = 1 - \frac{\Phi}{\Phi_0} \tag{4-2}$$

Für den Ausdruck Φ/Φ_0 gilt aber nach dem Lambert-Beerschen Gesetz entsprechend Gleichung (4-1)

$$\frac{\Phi}{\Phi_0} = 10^{-\epsilon c \delta} \tag{4-3}$$

Daraus folgt:

$$\frac{\Phi_{abs}}{\Phi_0} = \frac{\Phi_F}{K \cdot \Phi_0} = 1 - 10^{-\epsilon c \delta}$$

$$\Phi_F = K \cdot \Phi_0 \left(1 - 10^{-\epsilon c \delta}\right) \tag{4-4}$$

Der Strahlungsfluß Φ_F hängt also nicht linear von der Konzentration und der Schichtdicke δ ab und strebt mit wachsenden Werten für c und δ einem konstanten Endwert Φ_O zu. Um einen einfachen, linearen Zusammenhang zwischen diesen physikalischen Größen zu erhalten, ist es sinnvoll, die gegebene Funktion (4-4) durch eine Approximationsfunktion anzunähern.

Entwickelt man obige Gleichung (4-4) nach Logarithmierung in eine Taylor-Reihe, so kann man diese nach dem ersten Glied abbrechen und erhält

$$\Phi_F(\delta) = K \cdot \Phi_0 \cdot \epsilon \cdot c \cdot \delta \cdot \ln 10 + R_2 \tag{4-5}$$

Das Restglied R_2 stellt die Differenz zwischen der gegebenen und der Approximationsfunktion dar. Für dieses Restglied R_2 gilt:

$$|R_2| \leqslant \frac{1}{2} \cdot K \cdot \Phi_0 \cdot (\epsilon c \cdot \ln 10)^2 \cdot \delta^2 \tag{4-6}$$

Zur Abschätzung des Meßfehlers ζ , den man erhält, wenn man die gegebene Funktion (4-4) approximiert, setzt man R in Relation zur Näherungslösung

$$\widetilde{\Phi}_F(\delta) = K \cdot \Phi_0 \cdot \epsilon \cdot c \cdot \delta \cdot \ln 10 \qquad (4\text{-}7)$$

Es ist also:

$$\frac{|R_2|}{\widetilde{\Phi}_F(\delta)} \leq \frac{\frac{1}{2} K \cdot \Phi_0 \cdot (\epsilon \cdot c \cdot \ln 10)^2 \cdot \delta^2}{K \cdot \Phi_0 \cdot \epsilon \cdot c \cdot \delta \cdot \ln 10}$$

$$\zeta \leq \frac{1}{2} \cdot \epsilon \cdot c \cdot \delta \cdot \ln 10 \qquad (4\text{-}8)$$

Bei der quantitativen Analyse fluoreszierender Stoffe wird ausgenützt, daß im Bereich genügend kleiner Konzentrationen der Fluoreszenzstrahlungsfluß Φ_F annähernd linear mit der Konzentration c steigt. Ein in einer Küvette mit vorgegebener Dicke d befindlicher fluoreszierender Stoff mit der Standardkonzentration c_S emittiert dann nach (4-7) den Fluoreszenzstrahlungsfluß Φ_{FS}:

$$\Phi_{Fs} \approx c_s \left(\ln 10 \cdot K \cdot \Phi_0 \cdot \epsilon \cdot \delta \right) \qquad (4\text{-}9)$$

Sowohl die Größe des Standardstrahlungsflusses Φ_{FS} als auch die der Fluoreszenzstrahlung Φ_{Fx} werden mit einem Photovervielfacher ermittelt. Eine gesuchte unbekannte Konzentration c_x desselben Stoffes bestimmt sich dann zu:

$$c_x = c_s \frac{\Phi_{Fx}}{\Phi_{Fs}} \qquad (4\text{-}10)$$

Nach dem Lambert-Beerschen Gesetz kann der Strahlungsfluß Φ_F der Fluoreszenz durch einfache Umkehrung des bisherigen Verfahrens der Konzentrationsbestimmung als Maß für die Dicke δx eines fluoreszierenden bzw. eines mit fluoreszierendem Material markierten Stoffes verwendet werden /57/. Löst man beispielsweise einen Fluoreszenzfarbstoff mit bekannter, homogener Standardkonzentration c_s in farblosem, nicht-fluoreszierendem Weißöl, so ergibt sich nach (4-7) die Standardemission Φ_{FS} näherungsweise zu:

$$\Phi_{Fs} \approx \ln 10 \cdot \Phi_0 \cdot \epsilon \ c_s \cdot \delta \cdot K$$

oder

$$\Phi_{Fs} \sim \delta \qquad (4\text{-}11)$$

Gelingt es, ein reproduzierbares Ölfilmdickennormal der bekannten Dicke δ_S in der erforderlichen Größenordnung herzustellen, so bestimmt sich für genügend kleine Werte von $c \cdot \delta$ eine beliebige gesuchte Dicke δ_x zu:

$$\delta_x = \delta_n \frac{\Phi_{Fx}}{\Phi_{Fs}} \qquad (4\text{-}12)$$

Der emittierte Strahlungsfluß Φ_{Fx} des Fluoreszenzlichtes ist direkt proportional der gesuchten Schichtdicke δ_x.

Wie später in Abschnitt 5.3.2 gezeigt wird, gilt dieser lineare Zusammenhang bei einem angenommenen Fehler von $\zeta = 5\ \%$ für Konzentrationen bis zu $c = 0,48\ \%$ bei Schichtdicken von $\delta = 5\ \mu m$ bzw. für Konzentrationen von $0,05\ \%$ bei Schichtdicken von $\delta = 48\ \mu m$.

4.4   Erfassung von Schmierstoffen durch Fluoreszenz

Bei der Fluorimetrie (Fluoreszenzmessung) mißt man die von gelösten oder absorbierten Ionen und Molekülen emittierte Fluoreszenzstrahlung.Dieses Verfahren wird zum qualitativen oder quantitativen analytischen Nachweis von Mineralölen, Fetten und anderen Stoffen verwendet /54/. Wichtige Anwendungsgebiete sind dabei die Fluoreszenzmikroskopie, wo mit Hilfe der Fluoreszenz z.B. Fett in Gewebeproben oder Öl in Mineralien /58/ qualitativ nachgewiesen wird. Sehr kleine Ölmengen lassen sich durch die Fluoreszenz-Photometrie bestimmen. Damit ist z.B. die mengenmäßige Erfassung der in einem Pneumatiksystem niedergeschlagenen Ölmengen möglich /59,60/.

Die Fluorimetrie zur Messung von Flüssigkeitsfilmen wird nur von wenigen Autoren beschrieben (vgl. dazu /61/). Barwell und Cole /62/ verwenden mit fluoreszierenden Farbstoffen versetzte Öle, um die in einem Gleitlager auftretenden Ölschichten in Abhängigkeit von verschiedenen Geräteparametern qualitativ zu erfassen. Das Prüflager besteht aus Glashülsen, die Beleuchtung mit UV-Licht

erfolgt intermittierend oder kontinuierlich. FitzSimmons /63/ verwendet zum qualitativen Nachweis von Flüssigkeitsschichten einen Fluoreszenzfarbstoff, den er einem hochfluorierten Polymer zumischt, das in dünner Schicht um die Lagerstellen feinmechanischer Geräte aufgebracht wird, um das Spreiten (Wegkriechen) des Lagerschmierstoffes zu verhindern. Zur Erfassung der Vollständigkeit des Sperrfilms beleuchtet er die beschichteten Stellen mit UV-Licht, so daß die aufgebrachten transparenten Filme sehr einfach überprüft werden können. Er bemängelt in seiner Arbeit, daß diese fluoreszierenden Filme in Abhängigkeit von der jeweils vorhandenen Filmdicke unterschiedlich stark fluoreszieren, geht aber nicht auf die Möglichkeit der quantitativen Filmdickenmessung ein. Diesen Schritt macht Fote /64/, der mit Hilfe der Fluoreszenz das Spreiten von Schmierstoffen insbesondere unter Temperatureinfluß untersucht. Er erfaßt die Schmierfilme durch Fotografie, zur Auswertung und Bestimmung der tatsächlich vorliegenden Filmdicke verwendet er einen Standard mit bekannter Schichtdicke. Die auftretenden Filmdicken liegen im Bereich von $\delta = 1 \ldots 2 \ \mu m$.
Ein wichtiges Anwendungsfeld für Fluoreszenzmeßverfahren ist die Verfahrenstechnik, wo die Bestimmung der Filmdicken von Flüssigkeitsschichten in Zwei-Phasen-Strömungen im Vordergrund steht.
Bei dem z.B. von Hewitt in /50,65/ beschriebenen Meßverfahren wird den verwendeten Flüssigkeiten (meist Wasser) ein Fluoreszenzfarbstoff zugemischt. Collier und Hewitt /66/ vergleichen mehrere Möglichkeiten zur Filmdickenmessung und geben aufgrund der vielen Vorteile dem Fluoreszenzmeßverfahren den Vorzug.
Über die Messung dünner Schmierstoffilme berichten Smart und Ford /67/. Sie verwenden die Fluoreszenzmeßmethode, um das Verhalten eines auf einem rotierenden Zylinder vorliegenden Schmierfilms zu untersuchen. Sie gehen in ihrer Arbeit kurz auf theoretische Grundlagen und Meßprobleme ein und stellen fest, daß besonders die Einmessung einer derartigen Meßeinrichtung problematisch ist.
Bei weiterführenden Untersuchungen setzen Ford und Foord /68/ zur Fluoreszenzanregung einen He-Cd-Laser ein und erreichen damit eine wesentliche Verbesserung der Versuchsergebnisse.

5.1   Geräteauswahl und grundlegende Untersuchungen

5.1.1   Allgemeines Meßprinzip

Zur Messung von Schmierfilmdicken müssen folgende Voraussetzungen gegeben sein:

- es muß ein Schmierstoff vorliegen, der sich zur Fluoreszenz anregen läßt
- der zu untersuchende Schmierstoffilm muß der Beobachtung zugänglich sein
- das Trägermaterial, auf dem der Schmierstoff aufgebracht ist, darf selbst nicht fluoreszieren
- störende Fremdstrahlung muß ferngehalten werden.

Unter Berücksichtigung dieser Vorgaben kann die Messung der Dicke eines Schmierfilms mit dem in Bild 9 dargestellten Versuchsaufbau erfolgen.

Der zu bestimmende Schmierfilm befindet sich auf einer metallischen Oberfläche. Der Schmierstoff enthält eine fluoreszenzfähige Substanz. Dieses Luminophor /52/ kann natürlichen Ursprungs sein oder wird dem Öl oder Fett zugemischt. Zur Fluoreszenzanregung wird der Schmierstoff durch eine geeignete Strahlungsquelle bestrahlt. Verwendet man dazu eine Quecksilberdampf-Höchstdrucklampe, so muß mit Hilfe eines Anregungs- oder Erregerfilters aus dem Spektrum ein bestimmter Frequenzbereich ausgewählt werden. Die zur Anregung nicht brauchbare Strahlung wird ausgefiltert. Beim Einsatz eines Argon-Lasers kann eine geeignete Wellenlänge, z.B. $\lambda = 476,5$ nm, eingestellt werden. Zur Fluoreszenzanregung sind dabei keine zusätzlichen Anregungsfilter erforderlich.

Nach Einstrahlung der kurzwelligen Anregungsstrahlung wird die Emission einer längerwelligen Fluoreszenzstrahlung angeregt (Stokes'sche Regel /55/). Beim Auftreffen der Anregungsstrahlung auf das Untersuchungsobjekt wird gleichzeitig ein bestimmter Strahlungsanteil reflektiert, der zusammen mit der Fluoreszenzstrahlung durch das Meßgerät, im vorliegenden Fall durch einen Photovervielfacher, erfaßt wird. Da nur der Strahlungsfluß Φ_F der Fluoreszenzstrahlung und nicht der reflektierte Anteil der Anregungsstrahlung von Interesse ist, wird dieser Anteil mit einem

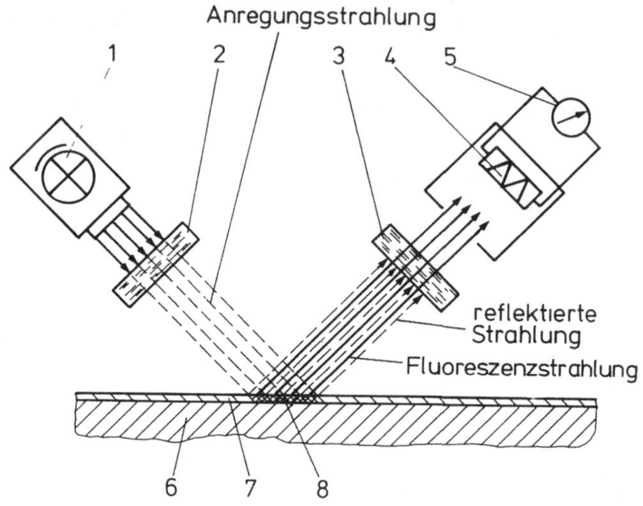

Bild 9: Bestimmung der Schmierfilmdicke mit der Fluoreszenz-
        Methode (Prinzipbild, Strahlungsverlauf idealisiert
        dargestellt)
        1 - Strahlungsquelle, 2 - Anregungsfilter, 3 - Sperrfilter,
        4 - Strahlungsstärkemeßgerät, 5 - Anzeigeinstrument,
        6 - metallische Oberfläche, 7 - Schmierfilm,
        8 - fluoreszierende Schmierstoffschicht

Sperrfilter frequenzselektiv ausgefiltert. Durch den Photovervielfacher wird somit nur die Fluoreszenzstrahlung nachgewiesen, die
einen entsprechenden Photostrom hervorruft /69/. Dieser Photostrom
kann mit einem empfindlichen Amperemeter gemessen werden. Zur Aufzeichnung der Meßwerte ist ein Koordinatenschreiber einsetzbar,
wobei der Photostrom mit Hilfe eines speziellen Verstärkers in
eine "Photospannung" umzuwandeln ist.
Die Vielzahl der möglichen Meßfehler durch Veränderung der Geräte-
einstellung, thermische Drift usw. bedingt eine Überwachung der
das Meßergebnis beeinflussenden Faktoren. Wie Bild 10 zeigt, sind
zum vollständigen Versuchsaufbau mehrere elektrische Meßgeräte erforderlich, auf die in den folgenden Abschnitten detailliert ein-
gegangen wird.

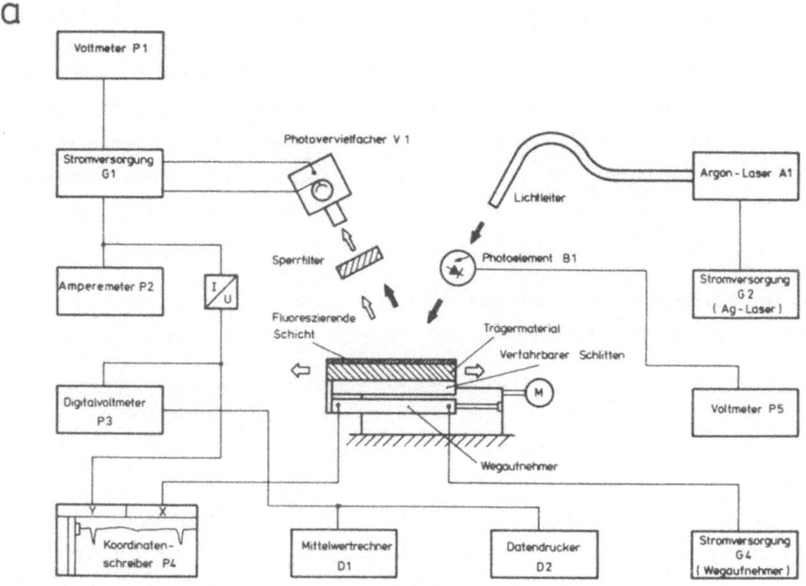

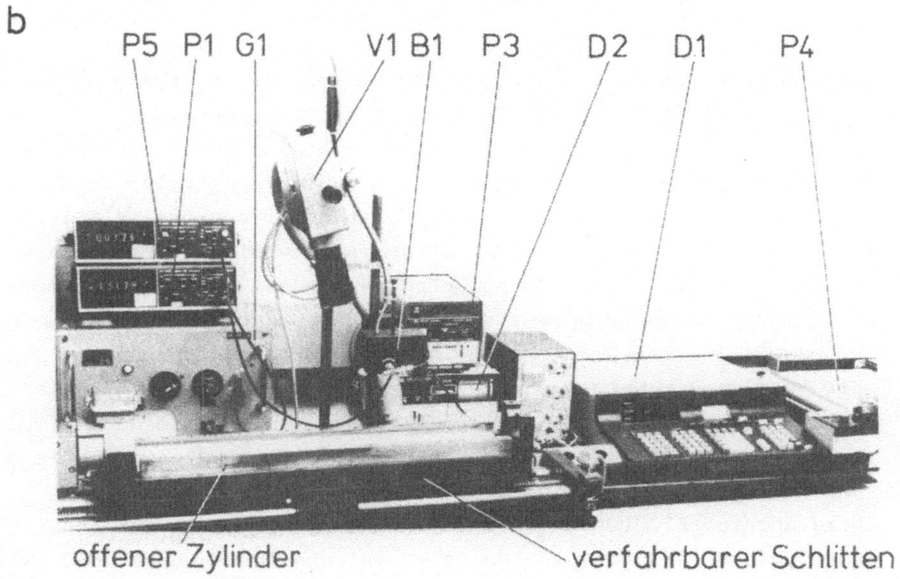

<u>Bild 10:</u> Vollständiger Versuchsaufbau zur Schmierfilmdickenmessung
  a) Geräteplan
  b) ausgeführte Anlage

Die beschriebene Anlage wird mit Hilfe eines Fluoreszenzstandards mit bekannter Schichtdicke eingemessen. Die Variation der untersuchten Parameter sowie die Durchführung der jeweiligen Messungen sind in den entsprechenden Abschnitten gesondert beschrieben.

5.1.2   Strahlungsquelle

Eine zur Schmierfilmdickenbestimmung durch Fluoreszenzmessung geeignete Strahlungsquelle muß folgende Eigenschaften besitzen:

- Der Strahlungsfluß Φ_0 muß möglichst hoch sein, um eine ausreichende Auflösung zu erhalten (siehe Gleichung 4-7).
- Der Strahlungsfluß Φ_0 muß eine hohe zeitliche Konstanz aufweisen.
- Die Strahlungsquelle muß zur Fluoreszenzanregung geeignet sein, d.h. sie muß einen hohen Strahlungsfluß im Wellenlängenbereich zwischen $\lambda = 380$ nm und $\lambda = 480$ nm (zwischen langwelligem Ultraviolett und sichtbarem Blau-Bereich) haben.

5.1.2.1 Quecksilberdampf-Höchstdrucklampe

Quecksilberdampf-Höchstdrucklampen weisen eine charakteristische spektrale Verteilung der Strahlung auf. Das Spektrum besteht aus einem über den gesamten emittierten Wellenlängenbereich verteilten Grundkontinuum mit annähernd konstanter spektraler Strahlungsdichte und den typischen Hg-Linien mit hoher spektraler Emission /70/. Zur Fluoreszenzanregung werden häufig die Linien bei $\lambda = 366$ nm, $\lambda = 405$ nm und $\lambda = 436$ nm verwendet. Quecksilberdampf-Höchstdrucklampen werden für verschiedene Lampen-Nennleistungen P_L sowohl in Gleich- als auch in Wechselstromausführung angeboten. Der Betrieb mit Wechselstrom ist bei dem vorgesehenen Einsatzfall nur bedingt möglich, da die Fluoreszenzemission infolge der Pulsation des Anregungslichtes starken Schwankungen unterworfen ist, was die Signalauswertung erschwert.
Wird der zur Fluoreszenzanregung geeignete Quecksilberbrenner mit Gleichstrom versorgt, so können erhebliche Schwankungen der nutzbaren Strahlungsleistung im Lichtbogenzentrum auftreten. Diese werden ausgelöst durch

- Wandern des Lichtbogens aus der Mittelachse zwischen den
  beiden Elektroden
- Veränderung des Strahlungsflußes durch Pulsation des Betriebs-
  stroms
- gleichmäßige Abnahme des nutzbaren Strahlungsflußes durch "Be-
  schlagen" des Entladungsgefäßes infolge verdampftem Elektroden-
  materials /70/.

Diese Störeffekte treten gleichzeitig auf und überlagern sich ge-
genseitig. Sie können zwar durch entsprechende gerätetechnische
Optimierung verringert werden, die Summe aller Störungen ist aber
so groß, daß genaue Fluoreszenzmessungen mit Quecksilberdampf-
Höchstdruckbrennern nur mit Hilfe eines speziellen Versuchsaufbaus möglich sind.
Nach /71/ wird dabei der Strahlungsfluß der Lichtquelle kontinuierlich mit Hilfe eines zweiten Meßgerätes bestimmt.
Dazu blendet ein Strahlteilerspiegel einen gewissen Anteil der
Anregungsstrahlung aus /72/. Da sowohl die Anregungsstrahlung als
auch die Fluoreszenzstrahlung jeweils um einen konstanten, durch
die Störeffekte der Quecksilberdampf-Höchstdrucklampe hervorgerufenen Faktor schwanken, erhält man nach Division der beiden
Meßsignale einen von Schwankungen der Anregungsstrahlung unab-
hängigen Wert.
Eine weitere mögliche Verbesserung des Versuchsaufbaus erhält man,
wenn der Anregungsstrahlung mit Hilfe eines sogenannten Lichtchoppers
eine bestimmte Pulsfolge aufgeprägt wird. Nur diese Frequenz wird
von den Photovervielfachern detektiert, so daß Fremdstrahlung und andere Störungen das Meßergebnis nicht beeinflussen können.

5.1.2.2 <u>Argon-Laser</u>

Im Gegensatz zu Quecksilberdampf-Höchstdrucklampen senden Laser
ein monochromatisches Licht mit hoher Konstanz des Strahlungsflußes aus. Argon-Laser emittieren diese monochromatische Strahlung
im Spektralbereich zwischen $\lambda = 514$ nm und $\lambda = 351$ nm /73/. Zur
Fluoreszenzanregung wird bei den vorgelegten Untersuchungen die
Wellenlänge $\lambda = 476,5$ nm verwendet.
Die Übertragung des Lichtstromes vom Laser zum Experiment erfolgt
aus räumlichen Gründen mit einem Glasfaserbündel von L = 7000 mm

Länge. Infolge der Reflexionen am Anfang und Ende und durch die
längenabhängigen Verluste, die durch Absorption und durch Streu-
ung an eventuell vorhandenen Inhomogenitäten auftreten, weist der
verwendete Lichtleiter im gewählten Spektralbereich eine optische
Durchlässigkeit von τ = 12% auf /74/. Trotz dieser hohen Verluste
reicht die an der zu untersuchenden Stelle vorliegende Bestrahlungsstärke für die Fluoreszenzanregung aus.

Die räumliche Lichtstromverteilung bei der Abstrahlung am Faser-
bündelende erfolgt keulenförmig mit einem Winkel von σ = 66° /75/
Um eine Bestrahlung und damit ein Ausbleichen eines zu großen
fluoreszierenden Oberflächenbereiches zu vermeiden, wird entsprechend <u>Bild 11</u> mit Hilfe einer in einen Beleuchtungskopf eingebau-
ten Lochblende ein Lichtaustrittskegel von σ = 10° erzeugt.

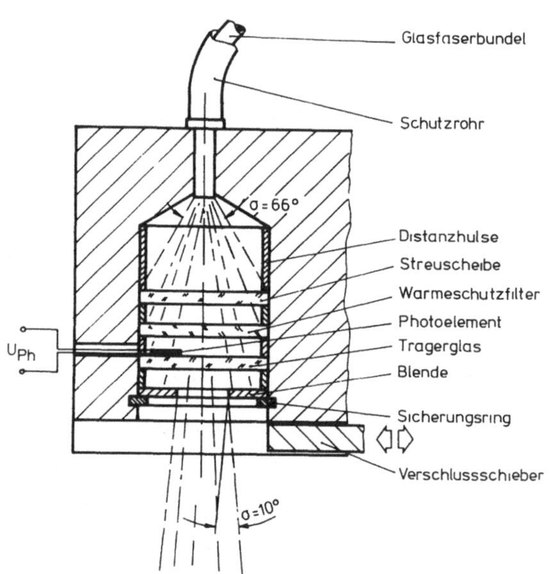

<u>Bild 11</u>: Aufbau des
Beleuchtungskopfes
zur Fluoreszenzan-
regung

Um eine Abbildung der einzelnen Lichtleiterfasern zu vermeiden
und um eine gleichmäßige Ausleuchtung des zu untersuchenden Bereiches zu erhalten, wird eine Mattscheibe in den Strahlengang
gebracht.

Bei der Versuchsdurchführung ist auch bei Fluoreszenzanregung
mit Laserlicht die an der Meßstelle vorliegende Bestrahlungsstärke nicht konstant. Ursache dafür sind ein thermisch bzw. geräte-

technisch bedingte Drift der Laserausgangsleistung. Da insbesondere das Einschalten des Gerätes mit einer anderen als der Be-
triebsstromstärke erfolgt, ist eine kontinuierliche Überwachung
mit Hilfe der - von einem im Austrittslichtkegel befindlichen
Photoelement erzeugten - Photospannung erforderlich. Die Laser-
ausgangsleistung und damit die Bestrahlungsstärke wird durch
Nachregelung der Laserstromstärke auf einem konstanten Sollwert
gehalten und ist in einem weiten Bereich einstellbar.

5.1.3   Anregungs- und Sperrfilter

Die Auswahl von Anregungs- und Sperrfiltern erfolgt unter Berücksichtigung der für den jeweils verwendeten Fluoreszenzfarbstoff
typischen Absorptions- bzw. Emissionskennlinien (vgl. /76/). Um
eine Beeinflussung der zu messenden Fluoreszenzstrahlung durch das
Anregungslicht zu verhindern, müssen die beiden Spektralbereiche
voneinander getrennt werden. Eine für die meisten Anwendungsfälle
ausreichende Spektralbereichstrennung ist durch Kombination von
geeigneten Kurzpaß-, Langpaß- und Bandpaßfiltern möglich /77/.
Die Sperrfilter werden so ausgelegt, daß ihre maximale Transmission im Spektralbereich der maximalen Fluoreszenzemission liegt.

Für den Einsatz bei der Filmdickenmessung durch Fluoreszenz liefern derartige Filterkombinationen bei Verwendung einer Quecksilberdampf-Höchstdrucklampe jedoch keine zufriedenstellenden Ergebnisse, so daß die Bestrahlung durch Laser vorzuziehen ist. Der
Grund ist, daß die bei Vorversuchen zur Fluoreszenzanregung verwendeten Glas- bzw. Interferenzfilter eine geringe Transmission
im Bereich höherer Wellenlängen aufweisen. Dieser weder durch
Primär- noch Sekundärfilter abgeblockte Rest der Anregungsstrahlung fällt in den Photovervielfacher und führt bei dem vorliegenden, geringen Strahlungsfluß der Fluoreszenzstrahlung zu einem stö-
renden Strahlungsanteil. Obwohl durch entsprechende räumliche Anordnung von Strahlungsquelle und Photovervielfacher minimierbar,
führt diese Streustrahlung zu einer Verfälschung der Meßergebnisse /57/. Eine Verbesserung der Filterschärfe kann mit Hilfe eines
Monochromators, den z.B. Hewitt und Nicholls /50/ einsetzen, erreicht werden.
Bei der Verwendung eines Argon-Lasers zur Fluoreszenzanregung ist
nur ein Sperrfilter erforderlich. Zur Auswahl des für Fluoreszenz-

messungen - bei der Anregungsstrahlung λ = 476,5 nm und der Fluoreszenzstrahlung λ = 510...540 nm - am besten geeigneten Sperrfilters wird die Filtergüte Ψ bestimmt. Die Filtergüte Ψ ergibt sich entsprechend <u>Tabelle 1</u> bei Messung auf einer ebenen Fläche zu $\Psi_1 = U_{Ph2}/U_{Ph1}$ und bei der Messung im Zylinder zu $\Psi_2 = U_{Ph4}/U_{Ph3}$. Das geeignete Filter soll den Anregungs- bzw. Fremdlichtanteil möglichst gut abblocken (dies entspricht einem kleinen Wert von U_{Ph1} bzw. U_{Ph3}) und gleichzeitig ein hohes Nutzsignal bei Vorliegen eines Fluoreszenzfarbstoffes liefern (dies entspricht einem möglichst hohen Wert von U_{Ph2} bzw. U_{Ph4}). Besonders wichtig ist eine hohe Filtergüte Ψ_2, da durch die fokussierende Wirkung des Prüfzylinders, der als Hohlspiegel wirkt, ein wesentlich höherer Anteil der Anregungsstrahlung als im ebenen Fall in den Photovervielfacher reflektiert wird, was bei einigen Filtern zu einer nicht tolerierbaren Höhe des Rauschsignalpegels U_{Ph3} führt. Gut geeignet ist der Filter V (Glasfilter OG 530).

		Ebene Fläche			Zylinder Φ 80			$\dot{\lambda}_0 = \dfrac{U_{h3}}{U_{h1}}$	$\dot{\lambda}_{sig} = \dfrac{U_{h4}}{U_{h2}}$
		Störsignal ohne Fluoreszenznormal	Störsignal mit Fluoreszenznormal	Filtergüte $\Psi_1 = \dfrac{U_{Ph2}}{U_{Ph1}}$	Störsignal ohne Fluoreszenznormal	Störsignal mit Fluoreszenznormal	Filtergüte $\Psi'_2 = \dfrac{U_{Ph4}}{U_{Ph3}}$	Störsignal-verhältnis	Nutzsignal-verhältnis
		U_{Ph1}	U_{Ph2}	Ψ_1	U_{Ph3}	U_{Ph4}	Ψ'_2	$\dot{\lambda}_0$	$\dot{\lambda}_{sig}$
I	Multiplier ohne Filter	190	2260	11,9	83100	37500	0,45	437	16,6
II	Glasfilter GG 450	123	1522	12,4	57500	23450	0,41	467,5	15,4
III	Glasfilter GG 495	5,7	621	108,1	2226	1776	0,80	387,8	2,9
IV	Glasfilter OG 515	0,06	446	7824,6	0,69	622	905	12	1,4
V	Glasfilter OG 530	0,04	322	8246,1	0,46	498	1087	11,7	1,5
VI	Interferenzfilter 528 Tmax = 50% Hw = 10 nm	0,9	66	76,6	16	999	64	17,8	15,1
VII	Interferenzfilter 543 Tmax = 63% Hw = 19 nm	0,4	111	291,3	47	172	3,6	123,4	1,6
VIII	Interferenzfilter 556 Tmax = 58% Hw = 49 nm	3,2	207	64,1	1146	719	0,63	358,1	3,5

<u>Tabelle 1</u>: Gemessene Rausch- und Nutzsignalwerte bzw. Filtergüte Ψ verschiedener Sperrfilter (alle angegebenen Spannunswerte in mV)

Aus dem Rauschsignalverhältnis Δ_0 bzw. dem Nutzsignalverhältnis Δ_{sig} kann die Abhängigkeit der Geometrie der den Schmierfilm tragenden Oberfläche abgeleitet werden. Dies ist besonders wichtig, wenn die Anlage zur Schmierfilmdickenbestimmung mit Hilfe eines ebenen Filmdickennormals eingemessen wird (vgl. Abschn. 5.1.7.1).

5.1.4   Schmierstoffe

Zur Schmierung von pneumatischen Ventilen und Zylindern wird neben den im Maschinenbau üblichen Schmierstoffen eine Reihe von Spezialölen und -fetten eingesetzt, die für den Einsatz in Druckluftanlagen besonders gut geeignet sind /78,79/. Diese Schmierstoffe unterscheiden sich sowohl in der chemischen Zusammensetzung der Grundsubstanz als auch in Art und prozentualem Anteil der Additive /80/. So sind z.B. die sogenannten "Ölnebelöle" aufgrund ihrer Viskosität und ihrer chemischen Beimengungen speziell auf den Einsatz in pneumatischen Anlagen zugeschnitten - sie lassen sich besonders leicht in Nebelölern zerstäuben. Andererseits haben die für die Initialschmierung eingesetzten Öle und Fette ein erhöhtes Haftvermögen und erhöhte Viskosität. Handelsübliche Schmierstoffe sind deshalb für Grundlagenuntersuchungen nicht geeignet. Es ist sinnvoll, auf Schmierstoffe zurückzugreifen, die ohne weiteres in ihren physikalischen und chemischen Eigenschaften reproduzierbar sind.
Als Grundsubstanzen für "Versuchsöle" bieten sich Weißöle an, die nach WOMA (WOMA-White Oil Manufacturers Association (Syndikat der Weißöl-Hersteller)) in drei Viskositätsgruppen und jeweils 13 Farbklassen unterteilt sind /80/. Den von den Herstellern für Ölnebelgeräte empfohlenen handelsüblichen Schmierstoffen entspricht die Klasse 1 (WOMA 1000). Es ist somit möglich, die empfohlenen "Ölnebelöle" durch ein Weißöl nach WOMA 1000 zu ersetzen. Für die geplanten Versuche besonders geeignet ist medizinisches Weißöl (Paraffinum Liquidum), das frei von Farb- und Fluoreszenzstoffen ist.
Um die Schmiereigenschaften des Weißöles zu verbessern, bietet sich die Zumischung eines Antiverschleiß- und EP-Wirkstoffes zur Ölgrundsubstanz an. Bei den Untersuchungen wird zur Additivierung Zinkdialkyldithiophosphat verwendet /81/. Dieser verschleißmindernde Zusatz wirkt insbesondere im Mischreibungsgebiet und wird

der Weißölgrundsubstanz in einer Konzentration c = 0,4 % zugegeben.

Im Rahmen eines ergänzenden Versuchs wird geprüft, ob auch handelsübliche Schmierstoffe mit dem Versuchsstand zur Filmdickenbestim-
mung detektiert werden können (Abschnitt 5.2.1). Diese Öle werden
durch die in <u>Tabelle 2</u> gezeigten physikalischen Daten charakteri-
siert.

Ölbezeichnung	Dichte ϱ bei 288 K	Viskosität v		Bemerkungen
		293 K	323 K	
A	870	30		Paraffinum Liquidum
B	885	229		Paraffinum Liquidum
C	1118	65	19	Vollsynthetisches Öl
D	881	110	30	Paraffinbasisches Öl legiert
E	892		13	Solventraffinat legiert
F	910		64,5	Motorenöl legiert
G	890	260	45	Spezialöl für Ölnebel-schmiersysteme
H	880	155	40	Ölnebelschmieröl legiert
K	920		646	Zylinderöl

alle Daten sind aus Herstellerprospekten entnommen

<u>Tabelle 2</u>: Physikalische Daten der in Abschnitt 5.2.1 unter-
suchten Öle

5.1.5 <u>Fluoreszenzfarbstoffe (Luminophore) zur Schmierstoff-markierung</u>

Neben der Eigenfarbe zeigen die meisten Schmieröle im Tages- oder
Quecksilberdampf-Lampenlicht eine grüne bis blaue Fluoreszenz /80/.
Besonders charakteristisch ist z.B. die Fluoreszenz der sogenannten "Pennsylvanischen Öle". Um die intensive Grün-Gelb-Fluoreszenz
dieser Schmierstoffe auch bei Ölen zu erhalten, denen durch moder-
ne Raffinationsverfahren die natürlichen Fluoreszenzkörper entfernt wurden, werden Schmieröle von den Herstellerfirmen mit beson-
deren Farbstoffen "geschönt" /82/. Da bei den in dieser Arbeit
beschriebenen Untersuchungen mit Schmierstoffen auf Weißölbasis
gearbeitet wird, muß diesen ein fluoreszenzfähiger Farbstoff mit

folgenden Eigenschaften zugemischt werden:

- Der Farbstoff muß in dem verwendeten Weißöl löslich sein. Eine
  Dispergierung von Farbpigmenten im Öl ist nicht ausreichend.
- Die Farbstoffe sollen bei gegebener Strahldichte der Anregungs-
  strahlung einen möglichst hohen molaren Extinktionskoeffizien-
  ten aufweisen.
- Da das zur Fluoreszenzanregung verwendete Licht einen hohen
  Strahlungsfluß aufweist, ist eine ausreichende Lichtechtheit
  erforderlich.
- Die Aufbringung der Schmierfilme erfolgt mit Hilfe von Löse-
  mitteln, was eine ausreichende chemische Beständigkeit der
  Farbstoffe erforderlich macht.
- Die Eigenschaften des Schmierstoffes dürfen durch den Farbstoff nicht beeinflußt werden.

Aus der Vielzahl möglicher Fluoreszenzfarbstoffe, die z.B. in /76,
83/ beschrieben sind, können nur wenige für den vorgesehenen Einsatzfall verwendet werden. Tabelle 3 gibt eine Übersicht über die
aus Herstellerprospekten entnommenen und durch eigene Messungen
ergänzten physikalischen Daten der untersuchten Farbstoffe. (Über
die Farbstoffe stehen nur mangelhafte Unterlagen zur Verfügung -
ein Teil der Daten muß deshalb geschätzt werden).

FARBSTOFF-NUMMER	Bezeichnung nach Colour Index	Bereich der max Absorption λ	Bereich der max Emission λ	Molgewicht G_m	Loslichkeit in Weissol	Lichtbestandig-keit	Extinktions-koeffizienten-verhaltnis	Bemerkungen
1	Solvent Yellow 98	450-460 nm	540 nm	534	gut	gut	133	
2	Solvent green 4	440-460 nm	510 nm	297,5	gut	schlecht	100	
3	Solvent Yellow 43	410 nm	540 nm	?	schlecht	gut	140	
4	?	375 nm	435 nm	?	schlecht	gut	0,14	kristallisiert aus Losung aus

Tabelle 3: Physikalische Daten der untersuchten Luminophore
           (Fluoreszenzfarbstoffe)

Die Bestimmung der Löslichkeit in Weißöl erfolgt bei einer Farbstoffkonzentration c = 0,05 %. Zur Verbesserung der Löslichkeit
erhitzt man die Ölsubstanz auf T = 363...368 K und vermengt die
Mischung im Ultraschallbad. Nach einer Beruhigungszeit von meh-
reren Tagen läßt sich feststellen, ob sich der Farbstoff voll-

ständig gelöst oder ob sich Farbpartikel am Boden des Gefäßes
abgesetzt haben.

Zur Feststellung der Lichtbeständigkeit wird der in Weißöl ge-
löste Farbstoff in bekannter Dicke auf einer metallischen Unter-
lage aufgebracht und mit bestimmter Wellenlänge bestrahlt. Zur
Erfassung des Ausbleichens wird die Fluoreszenzstrahlung Φ_F bei
Beginn des Versuchs und nach verschiedenen Bestrahlungszeiten gemessen. Wie Ford und Foord /68/ feststellen, ist dieses Ausbleichen umso stärker, je kürzer die Wellenlänge des Anregungslichtes
ist. Die Aufnahme des Ausbleichvorganges erfolgt bei Bestrahlung

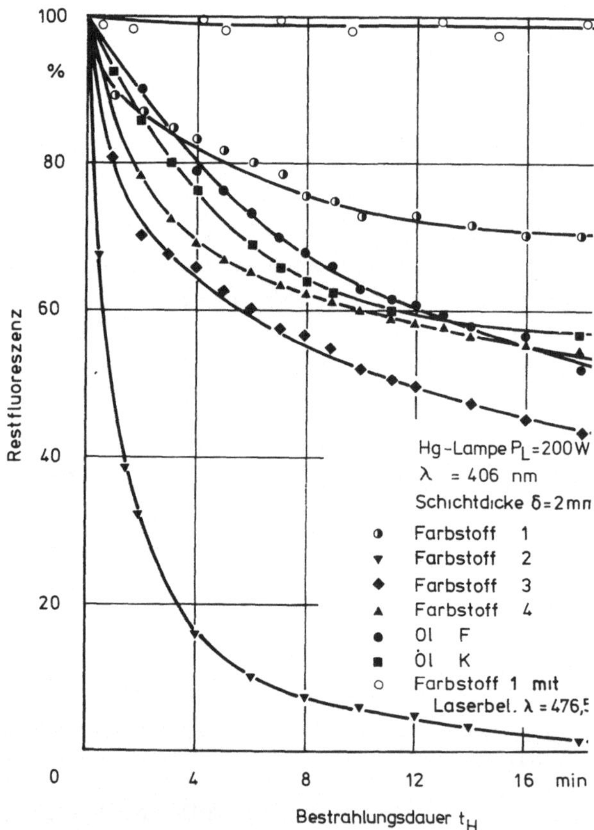

Bild 12: Ausbleichen der untersuchten Farbstoffe in Abhängigkeit
von der Bestrahlungsdauer t_H

mit der Wellenlänge λ = 406 nm. Zur Bestrahlung wird eine Quecksilberdampf-Höchstdrucklampe verwendet, da diese Wellenlängen im
nahen UV-Bereich mit dem eingesetzten Argon-Laser nicht einstellbar sind. Zum Vergleich ist in __Bild 12__ der Wert des verwendeten
Versuchsöls bei Bestrahlung mit λ = 476,5 nm eingezeichnet. Wegen der geringen Photolyse und der guten Löslichkeit in Weißöl
wird Farbstoff Nr. 1 für alle Untersuchungen verwendet.

5.1.6 __Photovervielfacher mit Meßkopf__

Zur Messung der Strahlstärke der Fluoreszenzstrahlung wird ein
Photovervielfacher verwendet, bei dem die einfallenden Photonen
einen Photostrom I_{Ph} hervorrufen, der verstärkt und in eine Photospannung U_{Ph} umgewandelt wird. Um die in der Aufgabenstellung ge-
forderte Erfassung auch kleiner örtlicher Filmdickenunterschiede
zu ermöglichen, wird der Photovervielfacher in einen Meßkopf mit
Optik und variabler Meßblende eingebaut, mit dem sich aus der
Schmierfilmschicht eine definierte Beobachtungszone herausgreifen
läßt. Die Ausrichtung des Meßkopfes auf die Beobachtungszone und
die Einstellung der Meßblende bzw. des Meßflecks erfolgt bei dem
verwendeten Gerät mit einer Lichtstrahl-Zieleinrichtung.
Die starke Abhängigkeit der Sekundärelektronen-Vervielfachung und
damit des Ausgangssignals I_{Ph} von der Vervielfacherbetriebsspannung U_{bG} zeigt __Bild 13__.
Bei Erhöhung der Vervielfacherbetriebsspannung U_{bG} steigt nicht
nur die Strahlungsempfindlichkeit des Gerätes, sondern auch der
Dunkelstrom I_0, der durch diffuses Streulicht hervorgerufene Streulichtstrom I_{SL} und der durch Reflexion des Anregungslichtes an der
Objektoberfläche entstehende Reflexlichtstrom I_{Rx}. Diese Störungen sind unabhängig von der zu messenden Fluoreszenzstrahlung und
machen sich durch ein Signalrauschen bemerkbar, das dem eigentli-
chen Nutzsignal I_{Ph} überlagert wird. Der gemessene Hellstrom I_a
/91/ setzt sich somit zusammen aus dem Photostrom I_{Ph} und der Summe
der Störungen.
Der Streulichtstrom I_{SL} läßt sich durch Verdunkelung des Versuchs-
raums und durch Abdecken von Anzeigeleuchten usw. minimieren, während der Reflexlichtstrom I_{Rx} von der Oberflächenbeschaffenheit,
d.h. vom Reflexionsvermögen des Meßobjekts (siehe Abschn. 5.2.1)
und von der Güte des Sekundärfilters (siehe Abschn. 5.1.3) abhängt.

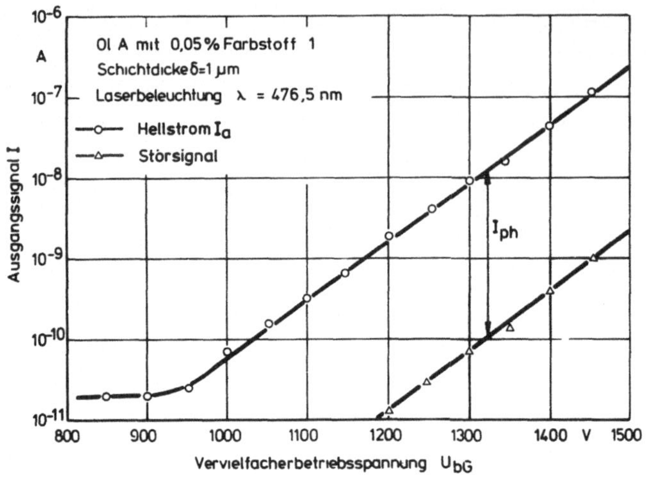

<u>Bild 13</u>: Abhängigkeit des Ausgangssignals I_{ph} und des Signal-
rauschens von der Vervielfacherbetriebsspannung U_{bG}

Der Dunkelstrom I_0 wird durch eine Emission von Elektronen aus der
Kathode hervorgerufen, die unabhängig von der einfallenden Strah-
lungsmenge ist und auch bei absoluter Dunkelheit ein Signal liefert
/84/. Streulicht-, Reflexlicht- und Dunkelstrom setzen eine unter-
ste Grenze für die kleinste erfaßbare Strahlstärke.

Obwohl der eingesetzte Photovervielfacher mit einer hoch stabili-
sierten Spannungsversorgung betrieben wird, tritt bei der Versuchsdurchführung eine thermisch bedingte Drift der eingestellten
Betriebsspannung auf. Da bereits eine geringe Spannungsänderung
zu einer Verfälschung des Meßwertes führt, wird diese kontinuierlich mit Hilfe eines Digitalvoltmeters gemessen und von Hand nach-
geregelt.

Unter Berücksichtigung der in Bild 13 dargestellten Zusammenhänge
zwischen Vervielfacherbetriebsspannung U_{bG} und Signalrauschpegel
werden alle Versuche bei U_{bG} = 1200 V durchgeführt.

5.1.7 Filmdickennormal - Herstellung definierter dünner Schichten

Bei der Schmierfilmdickenmessung nach der Fluoreszenzmethode läßt
sich die Dicke einer Schmierstoffschicht anhand deren Fluoreszenzstrahlung bestimmen. Dazu wird, entsprechend Gleichung (4-12) die
Fluoreszenzstrahlung einer Schicht mit bekannter Dicke als Ver-
gleichswert herangezogen. Ein geeignetes Filmdickennormal muß die
die Möglichkeit bieten, Filmdicken von 1 µm $< \delta <$ 10 µm reproduzierbar
herzustellen. Wie Bild 14 zeigt, kommen dafür mehrere unterschiedliche Verfahren in Frage, wobei prinzipiell zwischen offenen und
verdeckten Schichten zu unterscheiden ist.

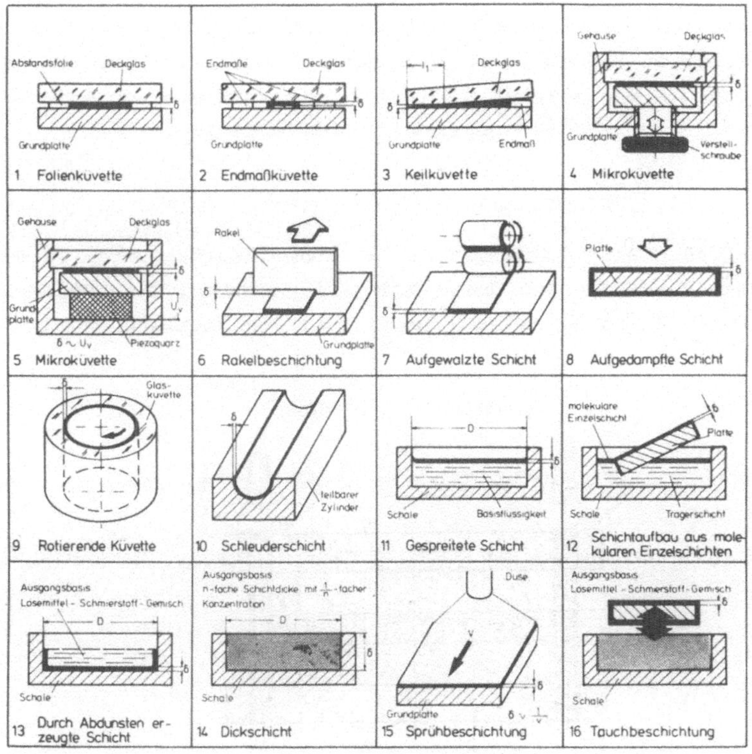

Bild 14: Verfahren zur Herstellung definierter dünner Schichten
Quellen: 1,3, 4/85/; 5/86/; 6,15,16/87/; 7/88/; 8/89/; 9/50/;
10/90/; 12/91/; 16/64,92/

Das Kennzeichen verdeckter Schichten ist ein Deckglas, unter dem
die Standardschicht liegt und durch das die in den Photovervielfacher
fallende Fluoreszenzstrahlung abgeschwächt wird. Während bei derartigen Schichtdickennormalen mit einem Korrekturfaktor gearbeitet
werden muß, ist dies bei offenen Schichten nicht erforderlich,
wenn die Reflexionseigenschaften des Hintergrundes gleich sind.
Die bei letzteren gewonnenen Standardwerte können direkt als Ver-
gleichskennwerte übernommen werden.

Die Dicke der einzelnen Schichten, die entsprechend Bild 14 mit
den Verfahren 1 bis 7 aufgebracht werden, ergibt sich aufgrund
geometrischer und damit direkt meßbarer Zusammenhänge. Im Gegensatz dazu erfordern die Verfahren 8 bis 16 eine Kombination aus
gravimetrischen und geometrischen Messungen. Dabei wird z.B. die
Masse des auf einer Oberfläche befindlichen Schmierstoffes mit der
beschichteten Fläche in Zusammenhang gesetzt. In Vorversuchen haben sich die Endmaßküvette (Bild 14 - 2) und die Schleuderschicht
(Bild 14 - 10) als besonders brauchbar erwiesen.

5.1.7.1 Endmaßküvette

Entsprechend Bild 15 werden bei der Endmaßküvette drei Parallel-
Endmaße auf eine plane Oberfläche aufgeschoben. Die beiden Außen-
liegenden weisen dieselbe Höhe H_1 auf, das mittlere Endmaß hat die
Höhe $H_2 < H_1$.

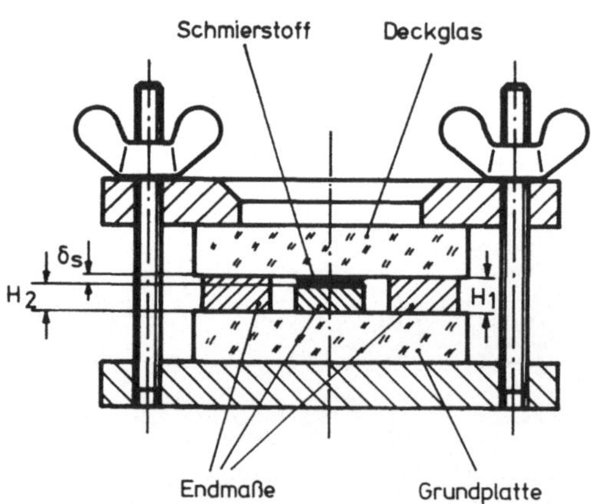

Bild 15: Endmaßküvette (Prinzipskizze)

Auf die außenliegenden Endmaße ist eine Glasplatte mit planparallelen Flächen aufgelegt. In den Spalt zwischen dem mittleren Endmaß und der Glasplatte wird der Schmierstoff eingebracht, der sich durch Kapillarwirkung gleichmäßig ausbreitet. Die Dicke δ_s der Referenzschicht des Schmierstoffes beträgt $\delta_s = H_1 - H_2$. Durch Auswechseln der Endmaße lassen sich beliebige Referenzschichtdicken herstellen, die Meßwerte müssen jedoch korrigiert werden. Der Grund dafür sind Reflexions- und Transmissionsverluste, die einerseits die auf den fluoreszenzfähigen Schmierstoff fallende Anregungsstrahlung, andererseits die emittierte Fluoreszenzstrahlung abschwächen.

5.1.7.2 <u>Schleuderschicht</u>

Das Verfahren, die Innenseite eines um die Längsachse rotierenden Zylinders mit einer Flüssigkeit zu beschichten, um eine gleichmäßige, reproduzierbare Standardschichtdicke zu erhalten, wird z.B. von Hewitt und Nicholls /50/ beschrieben. Sie verwenden eine sogenannte Kalibrierzelle, deren Wand transparent und somit der direkten Beobachtung zugängig ist.
Um in dem in der vorliegenden Arbeit verwendeten und in Abschnitt 7.1 näher beschriebenen Versuchszylinder eine geeignete Schicht zu erzeugen, muß die Zylinderachse aus technischen Gründen während der Beschichtung waagrecht liegen - das Verfahren ist somit dem Waagerecht-Schleuderguß vergleichbar.
Die zur Schleuderbeschichtung des Druckluftzylinders erforderliche Mindestdrehzahl läßt sich aus Fliehkraft und Gewichtskraft des Schmierstoffes errechnen. Unter Verwendung der von Väth /90/ angegebenen Beziehungen ist zur Beschichtung des Probezylinders mit D = 80 mm eine Mindestdrehzahl von $n = 95 \ \mathrm{min}^{-1}$ erforderlich. In der Praxis arbeitet man jedoch mit wesentlich höheren Drehzahlen, im vorliegenden Fall mit $n = 360 \ \mathrm{min}^{-1}$.
Die Schwierigkeit bei der Anwendung dieses Verfahrens liegt darin begründet, daß, wie Väth bei seinen Untersuchungen zeigt, die Resultierende aus Gewichtskraft und Fliehkraft während eines Umlaufes nicht konstant ist. Durch diese ungleiche Druckverteilung im Film wird eine über dem Umfang unterschiedliche Filmdickenverteilung hervorgerufen - im oberen Teil des Zylinders befindet sich rechnerisch eine größere Schichtdicke als im unteren. Daß es

trotz des periodischen Schwankens der Resultierenden, was in der
Flüssigkeit Schwingungserscheinungen hervorruft, möglich ist, den
Zylinder mit über den Umfang gleicher Filmdicke zu beschichten,
beruht auf der in der Lösung aus Lösemittel und Schmierstoff vorhandenen inneren Reibung.

5.1.8   Erfassung und Aufzeichnung elektrischer Meßwerte

Bei der Messung der Fluoreszenz einer Schmierstoffschicht von
$\delta_0 = 1$ µm Dicke erhält man ein Meßsignal am Photovervielfacher,
das im Bereich von $I = 10^{-8}$ A liegt. Da die Erfassung und Aufzeichnung derartig kleiner Photoströme schwierig ist, wird dieses
Signal in eine Spannung umgeformt (vgl. Bild 10). Zur Strom-Span-
nungsumformung wird ein Verstärker benutzt, der speziell auf die
Verhältnisse beim Betrieb von Photovervielfachern zugeschnitten
ist und eine Verstärkung von $s = 10^8$ V/A besitzt.
Der Pegel des Meßsignals schwankt um einen Mittelwert, wobei zusätzlich noch Rauschanteile im Signal enthalten sind. Zur Auswertung dieses verrauschten Signales wird ein Kondensator zwischen
Anode und Kathode geschaltet. Auf diese Weise läßt sich das Signal
glätten, ohne daß sich der Effektivwert ändert. Veränderungen des
Signalverlaufs, durch die Lade- bzw. Entladezeit des Kondensators
bedingt, lassen sich durch entsprechend langsames Verfahren z.B.
des Meßschlittens minimieren.
Zur Bestimmung der Spannungswerte steht bei den durchgeführten
Versuchen ein Digitalvoltmeter mit BCD-Ausgang zur Verfügung. Die
Anzeigewerte werden in kurzen zeitlichen Abständen in einen Tisch-
rechner geladen, der aus einer vorgegebenen Anzahl von Einzelmeß-
werten den Mittelwert bildet. Auf diese Weise kann man z.B. die
Filmdicke in der Endmaßküvette bestimmen, indem man an ca. 6 bis 8
Meßpunkten den Mittelwert aus jeweils 25 Einzelmessungen bildet
und diese Mittelwerte ebenfalls mittelt. Damit lassen sich Meßfehler durch kleine Unebenheiten, Schrägstellung eines Parallel-
endmaßes oder des Deckglases weitgehend eliminieren.
Beim Einmessen der Anlage mit dem mit einer Schleuderschicht beschichteten Versuchszylinder wird das Meßsignal aus 250 über die
gesamte Zylinderlänge verteilten Einzelmessungen gemittelt.

5.2 Einmessen der Anlage - Bestimmung der Referenzschichtdicke

Zur Festlegung der Referenzschichtdicke bzw. zum Aufstellen einer Einmeßkurve verwendet man die in Kapitel 5.1.7.1 beschriebene Endmaß-Küvette.

Entsprechend <u>Bild 16</u> erhält man den Zusammenhang zwischen Schichtdicke δ und Photospannung U_{Ph} aus einer Reihe von gemittelten Einzelmessungen. Sämtliche Meßwerte sind auf die Photospannung U_{Phst} eines gleich bestrahlten Fluoreszenzstandards bezogen.

Der verwendete "Fluoreszenzstandard" besteht aus einem Farbglas, bei dem die Fluoreszenz durch Beimischung bestimmter Stoffgruppen hervorgerufen wird. Mit einem derartigen Fluoreszenzstandard sind, wie in /54,71/ gefordert, Vergleiche der gewonnenen Ergebnisse mit anderen Messungen möglich.

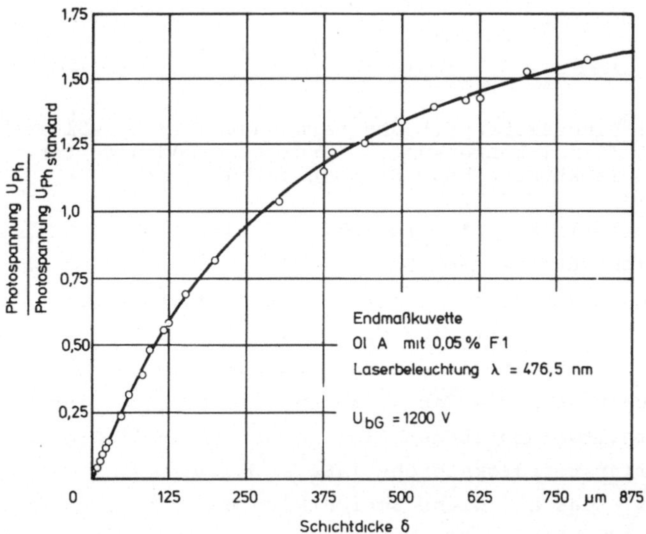

<u>Bild 16</u>: Einmeßkurve: Abhängigkeit der Photospannung von der Schichtdicke

<u>Bild 17</u> zeigt den für Schmierfilmdickenmessungen besonders wichtigen Teil der Einmeßkurve, die bis zu Schichtdicken von δ = 25 µm durch eine Gerade dargestellt werden kann. Diese Kurve gilt für mit der Endmaßküvette gewonnene Meßwerte.

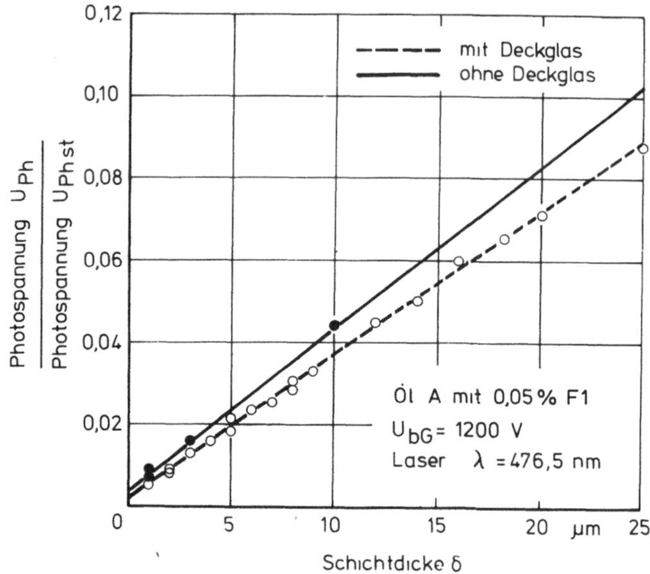

Bild 17: Einmeßkurve für das verwendete Versuchsöl im für Schmierfilmdickenmessungen interessierenden Wertebereich (Endmaßküvette bzw. Dickschichtküvette)

Der erforderliche Korrekturfaktor ξ läßt sich mit Hilfe einer
Dickschichtküvette nach Bild 14/14 erfassen, wobei man z.B. mit
4.000facher Schichtdicke (δ = 4 mm) und einer Konzentration c
von 1/4.000 arbeitet. Ist diese Küvette exakt bis zum Rand mit
einem Schmierstoff mit geringer Farbstoffkonzentration gefüllt,
so gleichen sich die Kapillar- und Oberflächenspannungskräfte aus
- man erhält einen ebenen Flüssigkeitsspiegel. Die Fluoreszenz dieser Schmierstoffdickschicht läßt sich nun sowohl ohne als auch mit
Deckglas - das auf diese Schichtküvette aufgeschoben wird - bestimmen. Das Verhältnis der beiden Meßwerte ohne und mit Deckglas ergibt den Korrekturfaktor ξ = 1,1074. Mit Hilfe dieses Korrektur-
faktors kann man die tatsächliche Einmeßkurve für eine ebene Fläche errechnen.

Viele handelsübliche Öle enthalten Fluoreszenzfarbstoffe und lassen sich somit, wie **Bild 18** anhand einer vergleichenden Darstellung
zeigt, ohne weiteren Zusatz von Fluoreszenzfarbstoffen detektieren
und somit zur Schmierfilmdickenbestimmung heranziehen.

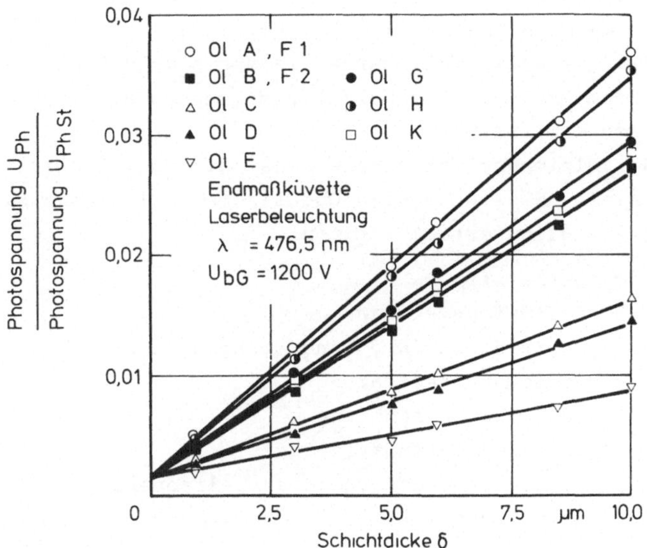

Bild 18: Einmeßkurven für verschiedene handelsübliche Schmierstoffe (Physikalische Daten können aus Tabelle 2 entnommen werden)

Zur Ermittlung der Einmeßkurve für einen in einer Zylinderbohrung
vorliegenden Schmierfilm ist zu beachten, daß durch die fokussierende Wirkung der Zylinderschale eine Erhöhung des Meßwertes auftritt. Die mit Endmaßküvetten gewonnenen Einmeßkurven sind entsprechend zu korrigieren, wenn eine direkte Übertragbarkeit gewährleistet sein soll. Zur Bestimmung der Einmeßkurve sind mindestens zwei Einmeßpunkte erforderlich. Ein Meßpunkt kann bei der
Filmdicke δ = 0 µm, also bei trockenem Zylinder ohne Schmierstoff,
aufgenommen werden. Der zweite Meßpunkt ist aus einer Schleuderschicht zu ermitteln.

Bei der vorgestellten Filmdickenmeßmethode handelt es sich um ein
Verfahren, bei dem das Fluoreszenzsignal einer Schmierstoffschicht
mit unbekannter Schichtdicke mit dem einer bekannten Schicht ver-
glichen wird. Die Bestimmung der Dicke einer unbekannten Schicht
kann sowohl rechnerisch unter Verwendung der Gleichung der Einmeßkurve oder graphisch mit Hilfe sogenannter "Kalibrierlinien"

erfolgen. Man ermittelt aus den bei der Einmessung gewonnenen Daten unter Verwendung eines geeigneten Auswerteprogrammes die Gleichung der diese Meßpunkte beinhaltenden Kurve, die die allgemeine Form $y = a+b \cdot x$ hat. Daraus lassen sich die genauen, die jeweilige Schmierfilmdicke charakterisierenden Spannungswerte U_{Phs} rechnerisch ermitteln.

Der in der Gleichung enthaltene konstante Faktor a ist ein Maß für das bei einer unbeschichteten Oberfläche vorliegende Signal. Die Höhe dieses "Blindwertes" ist von

- Werkstoff
- Reflexionsvermögen
- Oberflächenmikro- und -makrogeometrie
- Beobachtungsrichtung
- Bestrahlungsrichtung
- Güte des Sekundärfilters
- Dunkelstrom des Photovervielfachers
- Streulicht

abhängig. Wie Bild 19 zeigt, erhält man Blindwerte, deren Größe nicht nur von der Art der Oberflächenerzeugung, sondern auch von der Beobachtungsrichtung abhängt. Der letztgenannte Einfluß ist bei geschliffenen Flächen wesentlich stärker, als bei gehobelten oder gefrästen. (Bei polierten Oberflächen spielt die Beobachtungs-

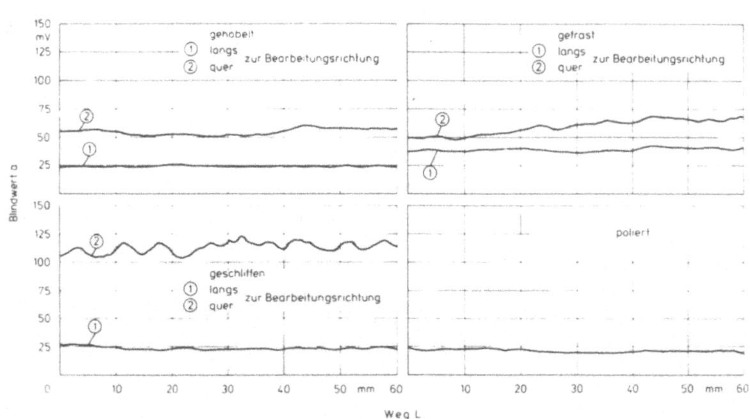

Bild 19: Blindwert bei verschiedenen Oberflächenstrukturen

richtung keine Rolle). Der Grund ist darin zu suchen, daß insbesondere bei den durch Fräsen und Hobeln hergestellten Oberflächen aufgrund der matten Oberflächenstruktur auch an den Schneidkanten nur eine diffuse Reflexion entsteht. Bei polierten Oberflächen erhält man gerichtete Reflexion, wobei die reflektierte Strahlung durch geeignete Schrägstellung von Strahlungs- oder Meßeinrichtung ausgeblendet werden kann.

5.3 Physikalisch/chemische Einflüsse auf das Meßergebnis

Wie aus Gleichung (4-7) entnommen werden kann, besteht eine direkte Proportionalität zwischen

- Schichtdicke δ des Schmierstoffes
- Strahlstärke Φ_0 des Anregungslichtes
- Farbstoffkonzentration c im Schmierstoff
- Extinktionskoeffizient ε des Farbstoffes

und der Strahlstärke Φ_F des Fluoreszenzlichtes. Neben diesen Faktoren wird das Meßergebnis durch die Art der Schmierfilmausbildung (zusammenhängender oder flecken- bzw. streifenförmig vorliegender Film) und die Größe des Meßflecks (punktartige oder flächige Meßwerterfassung) beeinflußt.

5.3.1 Einfluß der Strahlstärke des Anregungslichtes

Bild 20 zeigt am Beispiel des Fluoreszenzstandards, daß die Fotospannung U_{Ph} direkt von der Laser-Ausgangsleistung P_L abhängt. Die obere, gerätebedingte Grenze der Ausgangsleistung beträgt bei dem verwendeten Gerät $P_L = 150$ mW bei der eingestellten Wellenlänge von $\lambda = 476,5$ nm. Eine Steigerung der Strahlungsleistung ist bei dem verwendeten Versuchsaufbau durch Fokussierung des aus dem Lichtleiter divergent austretenden Lichtes unter Einsatz eines Linsensystems möglich. Damit läßt sich die Bestrahlungsstärke erhöhen, wobei zu beachten ist, daß bei wenig lichtechten Farbstoffen eine "Photolyse" /71/, d.h., ein Ausbleichen des Farbstoffes erfolgt.

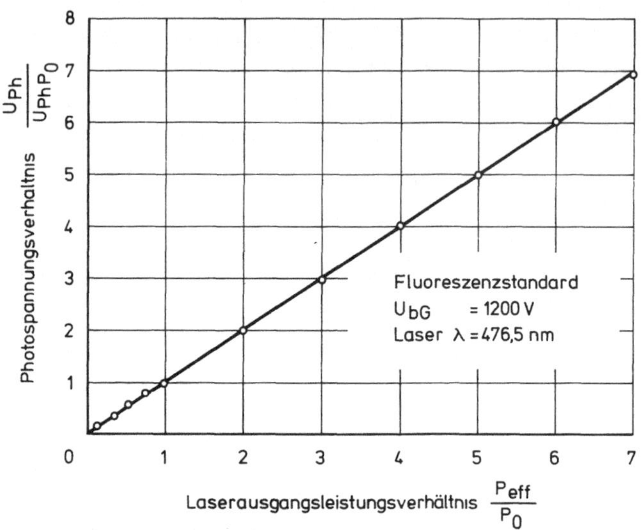

Bild 20: Abhängigkeit der Photospannung U_{Ph} von der Laserausgangsleistung P_L

5.3.2 Einfluß der Farbstoffkonzentration c

Eine Möglichkeit zur Steigerung der Nachweisempfindlichkeit bietet die Erhöhung der Farbstoffkonzentration c im Versuchsöl. Bild
21 zeigt den Zusammenhang zwischen der Farbstoffkonzentration c und
der entsprechenden Photospannung U_{Ph}. Die obere Grenze der Farbstoffkonzentration c wird durch die Löslichkeit im Weißöl vorgegeben. Typische, zur Fluoreszenzeinfärbung von Schmierstoffen verwendete Farbstoffe haben ihre obere Löslichkeitsgrenze im Bereich
$0,1 < c < 0,5$. Höhere Konzentrationen führen zum Ausfällen der nicht
löslichen Partikel.
Zusätzlich wird die maximale Konzentration durch Eigenlöschungs-
effekte (Konzentrationslöschung) begrenzt. Die Emission der fluoreszierenden Substanz nimmt bei gleichbleibender Bestrahlungsstärke nicht mit steigender Konzentration zu, sondern erreicht ein
Maximum und nimmt dann wieder ab, ohne daß Fluoreszenzstrahlung
reabsorbiert wird. Dieser Effekt kann durch Erhöhung der Bestrahlungsstärke nicht ausgeglichen werden /55/.

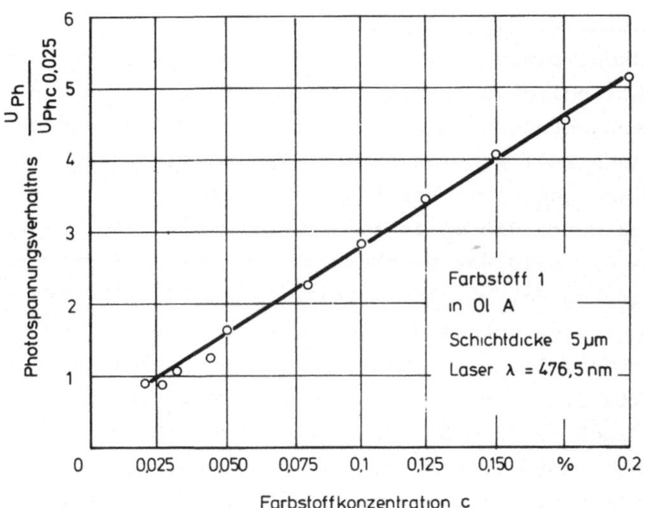

Bild 21: Abhängigkeit der Photospannung U_{Ph} von der Farbstoffkonzentration c

Eine Abschätzung der maximalen Konzentration, bis zu der mit annähernd linearem Verlauf der Fluoreszenzkurve gerechnet werden kann, kann nach /93/ mit Hilfe von Gleichung (4-8) erfolgen. Wird ein Fehler ζ = 5% zugelassen, errechnet sich bei einer Schicht von δ = 5 µm und Farbstoff Nr. 1 die maximale Konzentration c_{max} zu

$$c_{max} = \frac{2 \cdot \zeta}{\epsilon \cdot \delta \cdot l_n 10} \qquad (5-1)$$

Nach Einsetzen der entsprechenden Zahlenwerte ergibt sich c_{max} = $7,97 \cdot 10^{-3}$ mol/l. Dies entspricht einer Konzentration von c = 0,48%.

Mit der verwendeten Konzentration des Farbstoffes Nr. 1 von c= 0,05% (= $8,3 \cdot 10^{-4}$ mol/l) läßt sich bei zulässigem Fehler ζ = 5% eine Schmierstoffschicht bis zu δ_{max} = 4 8 µm Dicke bestimmen. Bei größeren gemessenen Werten ist der auftretende Meßfehler ζ > 5%.

5.3.3   Einfluß der Meßfleckgröße

Der in Abschnitt 5.1.6 beschriebene Photovervielfacher ist in
einen Meßkopf eingebaut. Mit Hilfe einer Optik und einer im Strahlengang befindlichen Meßblende wird auf dem Meßobjekt eine definierte Beobachtungszone herausgegriffen. Die vom Meßobjekt, im
vorliegenden Fall von der auf der Zylinderlaufbahn vorliegenden
fluoreszierenden Schmierstoffschicht, emittierte Fluoreszenzstrahlung tritt durch die Optik in den Meßkopf ein und erzeugt auf der
Meßblende ein Bild des Meßobjektes. Die Fluoreszenzstrahlung des
in die Öffnung der Meßblende fallenden Bildteils wird der Kathode
des Photovervielfachers über eine weitere Optik zugeleitet. Die
vom Photovervielfacher empfangene Strahlungsleistung ist sowohl
vom Objektabstand, der durch die Brennweite der Optik festgelegt
ist, als auch von den Blendenabmessungen abhängig. Hinsichtlich
einer hohen Photostrom-Ausbeute ist insbesondere bei sehr dünnen
Schmierfilmen mit geringer spezifischer Fluoreszenzausstrahlung
eine große Meßfleckfläche sinnvoll. Wie Tabelle 4 zeigt, besteht
ein direkter Zusammenhang zwischen der Fläche des Meßflecks bzw.
dem Blendendurchmesser und der meßbaren Photospannung.

BLENDEN-NUMMER	BLENDE	Abmessung mm	Flache mm	Flachen-verhaltnis	Messwert m V	Messwert-verhaltnis
1	●	⌀ 0,6	0,283	1,0	13,078	1,0
2	●	⌀ 0,8	0,503	1,78	21,640	1,65
3	●	⌀ 1,5	1,767	6,24	84,340	6,45
4	—	0,1 x 2,5	0,25	0,88	10,920	0,83
5	—	0,2 x 2,5	0,50	1,77	21,854	1,67
6	—	0,3 x 2,5	0,75	2,65	32,585	2,49

Tabelle 4: Abhängigkeit der Photospannung von der Größe der
Meßblende (alle Werte bezogen auf Blende 1)

Wie in Abschnitt 2.3 hergeleitet wird, kann bei Schmierfilmdicken-
untersuchungen Kavitation und daraus folgend eine streifenförmige
Ausbildung des Restschmierfilms auftreten. Um diesen möglichen

Einfluß auf die Meßergebnisse zu minimieren, werden die Meßblenden
4,5 und 6 verwendet. Die Längsachse des rechteckigen Meßflecks
wird dann senkrecht zu den Ölstreifen ausgerichtet.

5.4 Einsatzgrenzen des Verfahrens

5.4.1 Meßfehler

Das zur Filmdickenmessung vorgeschlagene Meßverfahren wird in seiner Anwendbarkeit durch die folgenden Gegebenheiten eingeschränkt:

- Die untere Grenze der Auflösung wird theoretisch durch die
  Dicke der Moleküle des zu detektierenden Stoffes vorgegeben.
  Diese kleinste Schichtdicke liegt im Bereich von $\delta \leq 2 \times 10^{-9}$ m
  /91/.
- Bei Fluoreszenzstrahlstärken, die einen Photostrom im Photover-
  vielfacher bewirken, der im Bereich des Signalrauschens (siehe
  Abschnitt 5.1.6) liegt, ist mit dem Versuchsaufbau eine klare
  Trennung der Signalanteile nicht mehr möglich.
- Die obere Grenze des Meßverfahrens ist erreicht, wenn die bei
  steigender Filmdicke zunehmende Fluoreszenzlöschung zu einem
  nicht mehr tolerierbaren Meßfehler führt.

Außer durch gerätetechnisch bedingte Einflußfaktoren können bei
der Schmierfilmdickenbestimmung durch Fluoreszenzmessung eine Reihe chemisch bzw. farbstoffbedingter Meßfehler auftreten. Nach /71/
handelt es sich dabei um folgende Effekte:

- Fluoreszenzlöschung als Folge zu hoher Farbstoffkonzentration
  (vgl. Abschnitt 5.3.2)
- Photolyse (vgl. Abschnitt 5.1.5)
- Temperatureffekte: Die Fluoreszenzstrahlstärke ist temperatur-
  abhängig und nimmt bei steigender Temperatur, z.B. bei länger
  andauernder Bestrahlung, ab. Dieser Einfluß kann durch nur
  kurzzeitige Bestrahlung und die Verwendung von Wärmeschutzfil-
  tern im Strahlengang der Anregungsstrahlung gering gehalten
  werden. Eine Kühlung der zu untersuchenden Objekte ist nicht
  möglich.
- Fluoreszenzlöschung durch Fremdstoffe, z.B. durch in Lösemitteln
  enthaltene Verunreinigungen
- Fluoreszenzlöschung durch Oxydation bei Exposition der Probe
  in der Umgebungsluft

- Fluoreszenzlöschung durch das Lösemittel selbst.

Bei der Durchführung der Messungen lassen sich diese Einflüsse durch kurze Expositionszeit, durch Wahl geeigneter und chemisch reiner Lösemittel (Weißöl, Petroleumbenzin) und durch Beachtung der oberen Konzentrationsgrenze des Farbstoffes im Lösemittel soweit minimieren, daß mit einem Meßfehler von maximal 15 % gerechnet werden kann.

5.4.2 Minimale nachweisbare Schmierschichtdicke (Nachweisgrenze)

Die Nachweisgrenze gibt die kleinste Schmierfilmdicke an, die noch sicher feststellbar ist. Sie wird durch das Signal/Rauschverhältnis bestimmt. Im vorliegenden Fall wird die Nachweisgrenze wie folgt definiert:

Die minimale nachweisbare Schmierschichtdicke δ_{min} ist erreicht, wenn der Meßwert U_{Ph} nur noch um ein bestimmtes Vielfaches k höher ist, als die Standardabweichung ("Rauschen") des Blindwertes (vgl. dazu /56, Seite 128/). (Der Blindwert a ist der Meßwert, den man bei der Fluoreszenzmessung des gesäuberten, unbeschichteten Zylinders erhält). Als Vielfaches wird der Wert k = 2 angenommen. Um diese minimale nachweisbare Schichtdicke aufzunehmen, werden die Versuchsparameter wie folgt eingestellt:

- maximal mögliche Farbstoffkonzentration (gesättigte Lösung)
- Farbstoff mit maximalem Extinktionskoeffizienten
- störendes Fremdlicht wird durch Abdecken von Lampen und Anzeigeleuchten weitgehend ferngehalten
- Probenbestrahlung mit maximal möglicher Strahlstärke
- Meß- und Anzeigegeräte auf höchste Empfindlichkeit gestellt
- Meßblende mit größter Blendenfläche.

Unter Zugrundelegung dieser Versuchsparameter erhält man mit dem verwendeten Meßaufbau eine minimal nachweisbare Schmierstoffschichtdicke von $\delta_{min} = 0{,}01$ µm.

 Untersuchung der Schmierverhältnisse bei
Druckluftzylindern

In praktischen Versuchen wird das entwickelte Fluoreszenzmeßverfahren zur Schmierfilmdicken- und Schmierspalthöhenbestimmung
eingesetzt. Entsprechend der Aufgabenstellung wird untersucht,
welche Zusammenhänge zwischen den geometrischen und physikalischen Eigenschaften einer Kolbendichtung und dem beim Betrieb der
Kolbendichtung auftretenden Schmierfilmverschleiß bestehen.

6.1 Schmierfilmverschleiß

Um die Veränderung eines vorgegebenen Schmierfilms (Schmierfilmverschleiß) zu bestimmen, wird auf die Zylinderbohrung ein dünner
Schmierfilm aufgebracht, dessen Dicke bekannt ist und dessen
Dickenänderung über die gesamte Zylinderlaufbahn erfaßt wird.
Durch einmaliges Überfahren eines Schmierfilms durch eine Kolbendichtung kann der Einfluß der Reibgeschwindigkeit auf die Schmierspalthöhe h^* und die Restfilmdicke δ_2 abgeleitet werden. Verän-
dert man die vorgegebene Schmierfilmdicke δ_0, kann man den Zusammenhang zwischen Ausgangsfilmdicke δ_0 und Restfilmdicke δ_2 ermitteln.
Im Rahmen eines Dauerlaufes läßt sich die Abnahme des Schmierfilms
in Abhängigkeit von der Hubzahl bestimmen. Hält man bei der Versuchsdurchführung die nachfolgenden Parameter

- Verfahrgeschwindigkeit des Kolbens
- Schmierstoff (Art, Viskosität)
- Ausgangsschmierfilmdicke (eingegebene Ölmenge)

konstant, dann ist eine Aussage über das Dauerlaufverhalten einer
Kolbendichtung bei Initialschmierung möglich.
Beurteilt man Kolbendichtungen nur nach der Höhe des Schmierfilm-
verschleißes in Abhängigkeit von der Gleitgeschwindigkeit oder
der Hubzahl, so ist das alleinige Vergleichskriterium "Schmierfilmverschleiß" nicht ausreichend. Eine Kolbendichtung kann trotz
geringem Schmierfilmverschleiß nicht für den Einsatz in Druckluftzylindern geeignet sein, wenn die beim Betrieb auftretenden Reibkräfte zu hoch sind und dadurch zu einer Verringerung des Wir-
kungsgrades oder zur verstärkten stick-slip-Neigung führen. Kolbendichtungen können nur dann bezüglich ihrer Brauchbarkeit beur-

teilt werden, wenn neben der Veränderung des Schmierfilms auch
die Reibkräfte mit untersucht werden.

6.2   Reibkraftmessung

Beim Betrieb eines Zylinderkolbens kann man zwischen Haftreibung
(Anfahrreibung) und Gleitreibung unterscheiden. Nach /94/ ist die
Haftreibung abhängig von

- Anpreßkraft
- Maß der Verformung der Dichtung
- Verweilzeit im Ruhezustand
- Haftfähigkeit des Mediums an den Berührungsflächen
- Adhäsionsneigung des Dichtungswerkstoffes
- Oberflächenbeschaffenheit der metallischen Gleit-
  flächen.

Beim Anfahren, d.h. beim Übergang aus der Ruhe zur Bewegung, kann
der Reibwert nach längeren Stillstandszeiten ein Vielfaches des
Wertes der Gleitreibung betragen. Diese Zeitabhängigkeit hängt mit
dem Herausquetschen des Schmierstoffes aus der Dichtfläche zusammen /15/.
Die Gleitreibung wird bestimmt durch

- Betriebsdruck
- Gleitgeschwindigkeit
- Größe der Berührungsfläche
- Werkstoffart und -härte
- Oberflächenstruktur der Dichtung
- Oberflächenbeschaffenheit der metallischen
  Gleitfläche
- Temperatur.

Einen wichtigen Einfluß auf die Gleitreibung haben die chemischen
und physikalischen Eigenschaften des Schmierstoffes und die im
Reibspalt vorliegende Spalthöhe h*. Nach /17/ hängen Schmierspalthöhe h* am Pressungsmaximum $dp/dx = 0$ und Relativgeschwindig-
keit zwischen Dichtung und Zylinderlauffläche voneinander ab. Bei
steigender Geschwindigkeit erhöht sich die Spalthöhe. Gleichzeitig ergibt sich eine Abhängigkeit zwischen Gleitgeschwindigkeit
und Reibkraft bei geschmierten Reibpaarungen (Bild 22).

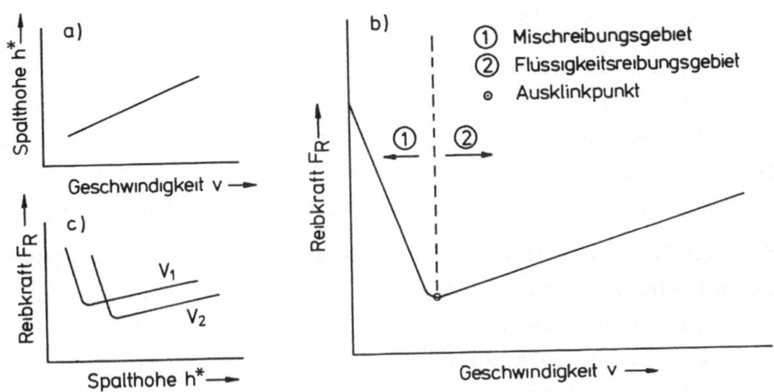

Bild 22: Grundlegende Zusammenhänge zwischen Reibkraft, Reibgeschwindigkeit und Schmierspalthöhe
a) Spalthöhe als Funktion der Geschwindigkeit nach /95/
b) Reibkraft als Funktion der Geschwindigkeit nach /96/
c) Reibkraft als Funktion der Spalthöhe nach /95/

Durch Bild 22b, in dem die Reibkraft über der Reibgeschwindigkeit
aufgetragen ist (Stribeck-Kurve), lassen sich diese Zusammenhänge näher erläutern:

Bei kleinen Reibgeschwindigkeiten herrscht zwischen den Reibpartnern Mischreibung, was eine hohe Reibkraft bewirkt. Mit steigender Reibgeschwindigkeit nimmt die Reibkraft ab und erreicht am
Ausklinkpunkt ein Minimum. Jenseits des Ausklinkpunktes tritt
Flüssigkeitsreibung auf. Bei zunehmender Geschwindigkeit steigt
die Reibkraft durch Flüssigkeitsreibung. Daraus läßt sich ableiten,
daß auch die Reibkraft von der Schmierspalthöhe h^* bei $dp/dx = 0$
abhängt.

Zur Erläuterung der Zusammenhänge zwischen Reibkraft und Filmdicke sei auf die Arbeiten von Münnich /96/ und Dalmaz /95/ hin-
gewiesen. Münnich zeigt am Beispiel von Wälzlagern, daß eine ein-
deutige Beziehung zwischen der auf einer Gleitfläche vorhandenen
Schmierfilmdicke und den während des Betriebes auftretenden Reib-
kräften besteht. Die nachfolgend beschriebenen Untersuchungen zeigen die Gültigkeit dieser Aussagen auch beim Betrieb von Kolbendichtungen für Druckluftzylinder.

6.3   Einfluß des Betriebsdruckes p_e auf den Schmierfilmverschleiß und die Dichtungsreibung

Wie in Abschnitt 2.3 gezeigt wird, beeinflußt die Höhe des Arbeitsdruckes p_e den Pressungsverlauf von elastischen Dichtungen. Aus den Arbeiten von Lang /97,98/ kann entnommen werden, daß dieser druckbedingte Einfluß auf die Reibkraft (bei den in der Pneumatik üblichen Betriebsdrücken von p_e = 10 bar) vernachlässigt werden kann. Dies gilt insbesondere bei Geschwindigkeiten v > 0,025 m/s.

Um den Einfluß des Betriebsdruckes auf die Schmierspaltausbildung abzuschätzen, wird die Arbeit von Müller /15/ herangezogen:
Die Bewegung eines Zylinderkolbens kann der von Müller beschriebenen "Kolbenstangenbewegung in den Druckraum" gleichgesetzt werden, für die der Zusammenhang gilt:

$$h^* \sim \sqrt{l/(p_e + p_i)} \tag{6-1}$$

Die Spalthöhe h^* bei einer Kolbendichtung hängt vom abzudichtenden Betriebsdruck p_e ab und zwar umso mehr, je weicher die Dichtung, d.h. je kleiner die Pressung p_i ist. Gleichzeitig stellt sich bei Druckbeaufschlagung eine geringfügig größere Dichtspaltlänge l ein, so daß sich die druckbedingten Einflüsse auf die Spalthöhe h^* z.T. kompensieren.
Um eine Vereinfachung der Messungen von Reibkraft und Spalthöhe zu erhalten, werden die Untersuchungen mit druckloser Dichtung durchgeführt, der dadurch auftretende Meßfehler wird in Kauf genommen.

7   Versuchsaufbau

7.1   Versuchszylinder

Die Versuche zur Bestimmung der Schmierfilmdicke in Druckluftzylindern werden mit einem entlang der Längsachse teilbaren Versuchszylinder durchgeführt. Wie **Bild 23** zeigt, sind Ober- und Unterteil des Zylinders miteinander verstiftet und verschraubt. Die zentrisch verlaufende Zylinderbohrung mit D = 80 mm ist gehont und hat folgende Rauheitswerte:

- Rauhtiefe R_t = 1,7 µm
- gemittelte Rauhtiefe R_z = 1,2 µm
- Glättungstiefe R_p = 0,14 µm
- Mittenrauhwert R_a = 0,07 µm

Eine Dichtschnur in der Trennebene zur Abdichtung der beiden Hälften des Zylinders verhindert, daß bei Druckbelastung Schmierstoff und Luft nach außen dringt.

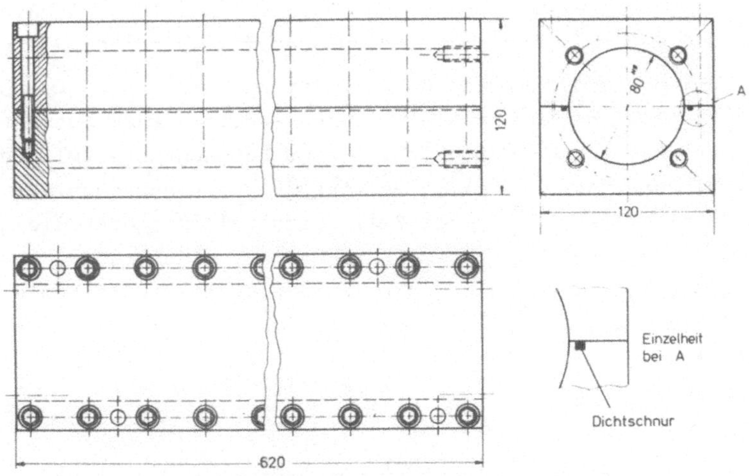

Bild 23: Maßskizze des Versuchszylinders

Die über die gesamte Bohrung konstante Ausgangsschmierfilmdicke wird mit dem in Abschnitt 5.1.7.2 beschriebenen Verfahren der Schleuderbeschichtung erzeugt. Dazu wird das Zylinderrohr an bei-

suchszylinder wird achsial zentrisch zwischen den Spitzen einer
Drehmaschine eingespannt. Nach Eingabe einer bestimmten Menge
Schmierstoff, der in einem geeigneten Lösemittel mit niedrigem
Siedepunkt gelöst ist, versetzt man den Zylinder in Rotation, wobei sich das Schmierstoff-Lösemittel-Gemisch an der Zylinderwand
niederschlägt und eine gleichmäßige Schicht bildet. Die Solldicke
der nach dem Verdunsten des Lösemittels entstandenen Schmierstoffschicht läßt sich - unter Vernachlässigung der geringen Schmier-
stoffverluste infolge der Benetzung von Zylinderboden und -deckel
und durch Leckverluste - berechnen. Zur Montage des Kolbens im
Zylinder wird letzterer geteilt und der Kolben mit Kolbenstange
in einer Endlage in die Halbschale des Unterteils gelegt. Nach
Montage des Oberteils und Anbringen von Zylinderdeckel und -boden
ist der Zylinder betriebsfertig.

7.2   Versuchsstand zur Schmierfilmdickenmessung

Zur Schmierfilmdickenmessung wird der in Abschnitt 5 beschriebene
Versuchsstand durch einen elektrisch angetriebenen Schlitten erweitert. Damit ist es möglich, die zu beobachtende Zylinderhälfte
achsial unter der Filmdickenmeßeinrichtung hindurchzuführen und
das Meßsignal entlang einer Zylindermantellinie über die gesamte
Zylinderlänge aufzuzeichnen. Zur Bestimmung der radialen Schmier-
filmverteilung innerhalb der Zylinderbohrung wird mittels einer
Vorrichtung das Zylinderunter- oder -oberteil so eingespannt, daß
eine Drehung um die Längsachse möglich ist, wobei der Drehwinkel
mit einem Widerstandsgeber erfaßbar ist.

7.3   Versuchsstand zur Reibkraftmessung

Zur Reibkraftmessung wird ein mit Axialgleitlagern versehener
Schlitten verwendet, der auf einer schiefen Ebene verfahrbar ist
und auf dem der Versuchszylinder befestigt wird. Die zu untersuchende Kolbendichtung wird auf einer durchgehenden Kolbenstange
fixiert und in die Bohrung des Versuchszylinders eingelegt - die
Kolbenstange ist an einem Kraftaufnehmer befestigt. Wird die Zy-
linderarretierung gelöst, gleitet der Zylinder entlang der schiefen Ebene nach unten. Der Geschwindigkeitsverlauf läßt sich durch
Änderung der Neigung der schiefen Ebene variieren. Der zurückge-

legte Weg wird von einem analogen Wegaufnehmer erfaßt. Dessen Ausgangssignal wird nach der Zeit abgeleitet (in einem Differenzierer), wodurch sich der Geschwindigkeitsverlauf über der Zeit ergibt. Um diese sehr schnell ablaufenden Vorgänge vollständig zu erfassen, werden die Meßwerte mit Hilfe eines Speicheroszilloskops aufgezeichnet. Dieses Gerät bietet die Möglichkeit, die Kenngrößen Reibkraft/Zeit, Reibkraft/Weg, Reibkraft/Geschwindigkeit, Weg/Zeit aufzuzeichnen und die Meßwerte zur Dokumentation auf einen Koordinatenschreiber auszugeben.

7.4   Untersuchte Zylinderkolbendichtungen

Zur Abdichtung des Kolben in Druckluftzylindern werden Dichtungen verwendet, die sich sowohl im Abdichtungsprinzip, d.h. in Form und Abmessung als auch in Dichtungswerkstoff und Dichtungswerkstoffhärte voneinander unterscheiden. Zur Versuchsdurchführung werden solche Bauarten ausgewählt, die einen direkten Vergleich untereinander ermöglichen. Auswahlkriterium ist dabei die Dichtlippengeometrie, die einen wesentlichen Einfluß auf die Höhe des Schmierfilmverschleisses hat (Bild 24).

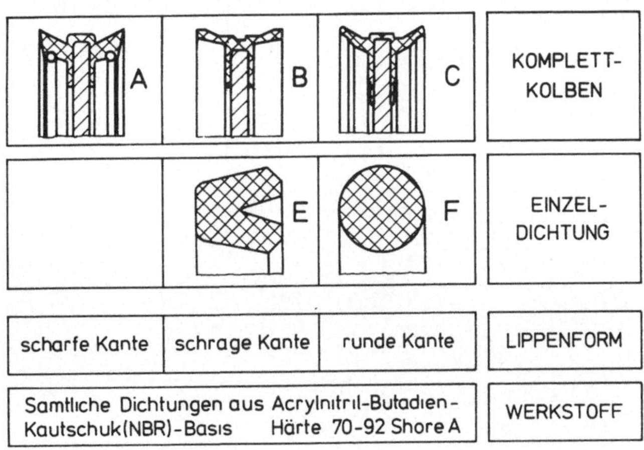

Bild 24: Untersuchte Kolbendichtungen

Im einzelnen handelt es sich bei den untersuchten Kolbendichtungen um Bauarten mit

- scharfkantiger, geschliffener Dichtkante
- schräger Dichtkante mit flachem Lippenwinkel
- runder Dichtkante

Neben O-Ringen werden vorrangig Komplettkolben untersucht. Sie bestehen aus einer Doppeltopfmanschette, die direkt auf eine Stahlscheibe aufvulkanisiert wird und nur noch mit der Kolbenstange zu
verschrauben ist. Die Rauheit der untersuchten Kolbendichtung F
(O-Ring) wird nach Abformung aus einem Kunstharzabguß ermittelt.
Die Rauheitswerte sind

$$R_t = 0,7 \ \mu m$$
$$R_z = 0,64 \ \mu m$$
$$R_a = 0,13 \ \mu m$$
$$R_p = 0,16 \ \mu m$$

8   Versuchsergebnisse

8.1   Schmierfilmdicke auf der Zylinderlauffläche

8.1.1   Zylinderlauffläche ohne Schmierfilm

Die auf einer Zylinderoberfläche befindliche Schmierfilmdicke läßt
sich mit dem beschriebenen Versuchsaufbau zur Fluoreszenzbestim-
mung messen. Hierzu wird der Meßwert des unbeschichteten Probezylinders von dem mit fluoreszierendem Schmierstoff beschichteten
numerisch oder graphisch subtrahiert. Wie bereits beschrieben, bewirkt die blanke, nicht beschichtete Zylinderlauffläche eine An-
zeige (Blindwert) eines elektrischen Instruments, die auf

- Oberflächenkrümmung des Zylinders
- Streulichteffekte infolge der Oberflächenrauheit
- Filterdurchlässigkeit in dem zu detektierenden Frequenz-
  bereich
- Dunkelstrom

zurückzuführen ist.

8.1.2   Schmierfilmdicke nach Schleuderbeschichtung des Zylinders

Bild 25 zeigt beispielhaft die nach der Schleuderbeschichtung des
Zylinders gemessene Dicke einer Schmierstoffschicht sowohl in axia-
ler als auch in radialer Richtung.
Bei der Anwendung dieses Beschichtungsverfahrens kann man bei der
fluoreszenztechnischen Bestimmung der Schmierstoffschicht Unterschiede der Ausgangsfilmdicke in Achs- und Umfangrichtung nachweisen. Diese werden verursacht durch

- Schräglage des Zylinders beim Beschichten
- Versatz von Zylinderachse und Drehachse
- Unwucht
- Abweichung von der Zylindergestalt
- Einflüsse, beschrieben in Abschnitt 5.1.7.3

Die mittlere Filmdickenabweichung vom errechneten Sollwert beträgt
$\delta = \pm\ 0{,}1$ um. Bei der Versuchsdurchführung kann hin und wieder ein
örtlich begrenztes Aufreißen des Schmierfilms festgestellt werden.

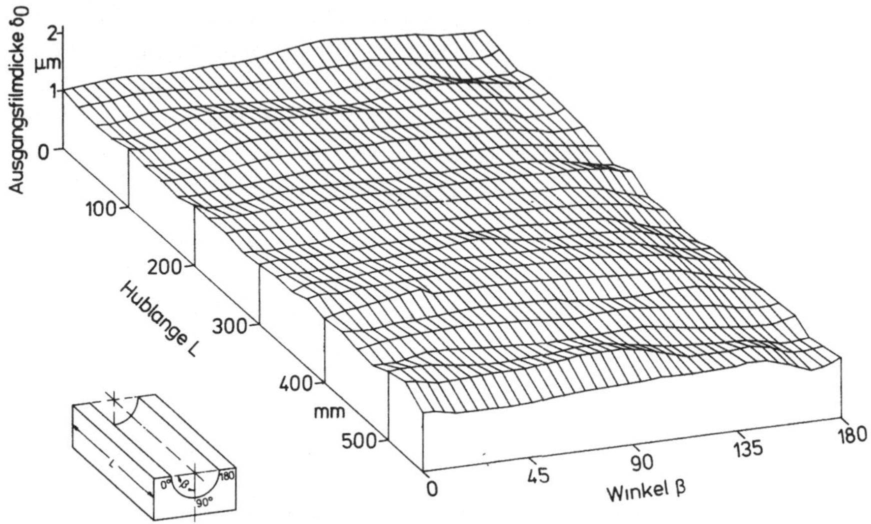

Bild 25: Schmierfilmdicke nach Schleuderbeschichtung des Zylinders. Mittlere Schichtdicke δ = 1 µm

Die vollständige Oberflächenhaftung eines in den Probezylinder eingebrachten Schmierstoffilms wird offenbar beeinflußt durch:

- Oberflächenstruktur (Rauhtiefe)
- Viskosität des Schmierstoffes
- Grenzflächenspannung zwischen Flüssigkeit (Schmierstoff) und metallischer Oberfläche (Zylinder)

Bei dem für die Untersuchungen verwendeten Öl wird die maximale Schichtdicke, bei der es noch zu keinem Zusammenlaufen des Schmierstoffes kommt, experimentell ermittelt. Sie beträgt δ = 7 µm. Diese Schichtdicke wird nur in den Endlagen des Zylinders (Schmierstoffwulst) überschritten - ein Einfluß auf das Meßergebnis im interessierenden, durch den Kolben überfahrenen Zylinderbereich besteht nicht.

8.2   Schmierfilmdicken, Spalthöhen und Reibkräfte bei einmaligem Überfahren eines vorgegebenen Schmierfilms durch eine Kolbendichtung

Die Versuche mit einmaligem Überfahren einer vorgegebenen Schmierstoffschicht mit nicht druckbelasteter Dichtung sollen den Schmierfilmverschleiß bzw. die Spalthöhenänderung und die Reibkraft in Abhängigkeit von der verwendeten Kolbendichtung zeigen. Um gleiche Ausgangsbedingungen zu erhalten, werden die Versuche mit dem in Abschnitt 7.3 beschriebenen Versuchsstand zur Reibkraftmessung durchgeführt. Dazu wird die Kolbenstange am Kraftaufnehmer befestigt, während der Zylinder auf der schiefen Ebene mit konstanter Beschleunigung abläuft.

In Abhängigkeit von der Gleitgeschwindigkeit erhält man unterschiedliche Reibkraftverläufe, die in Bild 26 einander gegenübergestellt sind. Die jeweilige Ausgangsfilmdicke ist konstant und beträgt $\delta = 2\ \mu m$.

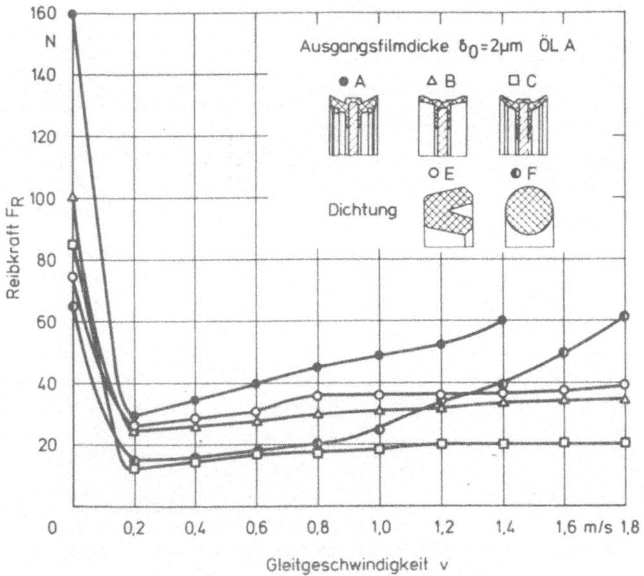

Bild 26: Reibkräfte F_R unterschiedlicher Dichtungen (Ausgangsfilmdicke $\delta = 2\ \mu m$) in Abhängigkeit von der Gleitgeschwin-

Dieses Ergebnis zeigt, daß bei sämtlichen untersuchten Dichtungen das Reibkraftminimum bei Gleitgeschwindigkeiten von v = 0,2 m/s erreicht wird. Aus der charakteristischen Form der Kurvenverläufe kann man ableiten, daß sich bei diesen Dichtungen hydrodynamische Schmierbedingungen bei Gleitgeschwindigkeiten v > 0,2 m/s einstellen (vgl. Abschnitt 6.2, Bild 22b). Bei Gleitgeschwindigkeiten v > 0,2 m/s zeigen die Kolbendichtungen B, C und E einen Reibkraftverlauf, bei dem die Reibkraft nur geringfügig über der Kraft im Ausklinkpunkt liegt und nahezu geschwindigkeitsunabhängig ist. Im Gegensatz dazu steigt die Reibkraft bei Dichtung A und beim O-Ring bei zunehmender Reibgeschwindigkeit leicht an.

Vergleicht man die sich einstellenden Spalthöhen h* bzw. die nach einmaligem Durchlaufen verbliebenen Restschmierfilmdicken δ_2 (Bild 27) so stellt man bei dem untersuchten O-Ring nur eine geringe Schmierfilmdickenabnahme fest. Der Ausgangsschmierfilm δ_0 bleibt nahezu erhalten.

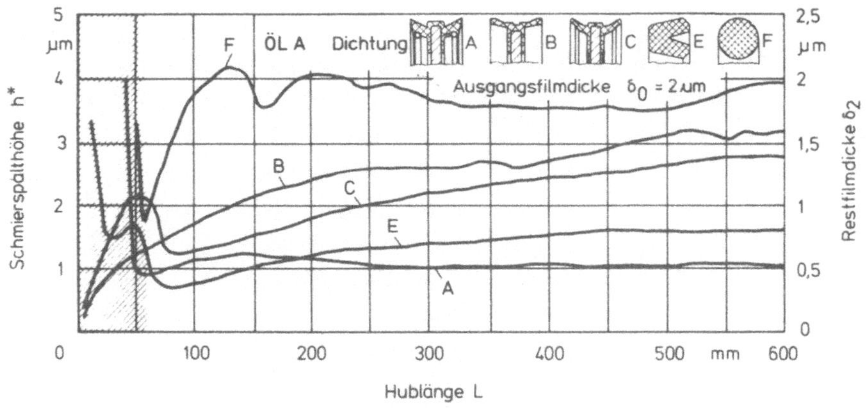

<u>Bild 27</u>: Spalthöhe h* und Restschmierfilmdicke δ_2 verschiedener Dichtungen nach einmaligem Überfahren einer vorgegebenen Schicht von δ_0= 2 µm (Spalthöhenbestimmung nur außerhalb des schraffierten Bereiches möglich)

Im Gegensatz zum O-Ring, wo man bei 15 % Vorpressung mit einer Dichtspaltlänge von l = 0,5 x Schnurdurchmesser /15/ rechnet, ist diese bei Lippenringen und Topfmanschetten wesentlich kürzer (geschätzt l = 0,5...2 mm). Dies führt einerseits zu einer höheren Flächenpressung, wodurch der Schmierfilm stärker abgestreift wird. Andererseits nimmt die Reibkraft gegenüber der bei O-Ringen ab. Bei den untersuchten Komplettdichtungen A, B und C kann man beim Vor- und Rückhub ein unterschiedliches Verhalten bezüglich der Schmierung im Dichtspalt erwarten. Nach Lang /97/ ist dabei zwischen "ziehender" und "stemmender" Beanspruchungsrichtung zu unterscheiden. Um Hinweise über das Betriebsverhalten der untersuchten Dichtungen zu erhalten, wird jeweils eine der Dichtlippen entfernt.

Bei der drucklosen Beanspruchung des Schmierfilms ergeben sich nach einmaligem Überfahren die in <u>Bild 28</u> gezeigten Restschmierfilmdicken δ_2 bzw. die Spalthöhen h* bei dp/dx = 0. Es zeigt sich, daß die scharfkantig ausgeführte Dichtung A beim ziehenden Betrieb den Schmierfilm mäßig, beim stemmenden Betrieb jedoch sehr stark beansprucht. Zum Schmierfilmverschleiß der kompletten Dichtung trägt also die stemmende Dichtlippe am meisten bei. (Bild 28 a).

Anders liegen die Verhältnisse bei Dichtung B, bei der der Verschleißhauptanteil von der ziehenden Dichtlippe herrührt (Bild 28 b) während bei der Dichtung C, die mit abgerundeten Dichtlippen ausgeführt ist, die Unterschiede zwischen ziehender, stemmender und kompletter Dichtung nur gering sind (Bild 28 c).

Aus den Reibkraft- und Filmdickenmessungen lassen sich die Abhängigkeiten zwischen Gleitgeschwindigkeit v und Spalthöhe h* und zwischen Spalthöhe h* und der jeweiligen Reibkraft F_R ableiten.

Bei den untersuchten Dichtungen besteht ein linearer Zusammenhang zwischen Gleitgeschwindigkeit v und der sich dabei ausbildenden Spalthöhe h* (<u>Bild 29</u>). Bei Dichtungen mit breiter Auflage- bzw. Dichtfläche ist die bei einer gegebenen Gleitgeschwindigkeit auftretende Schmierspalthöhe größer als bei solchen mit schmaler Auflagefläche, d.h. mit örtlich höherer Dichtungspressung.

Die Abhängigkeit der Reibkraft F_R eines O-Ringes von der vorliegenden Schmierstoffmenge geht aus <u>Bild 30</u> hervor. Bei abnehmender Ausgangsfilmdicke δ_0 erfolgt eine Zunahme der Reibkräfte.

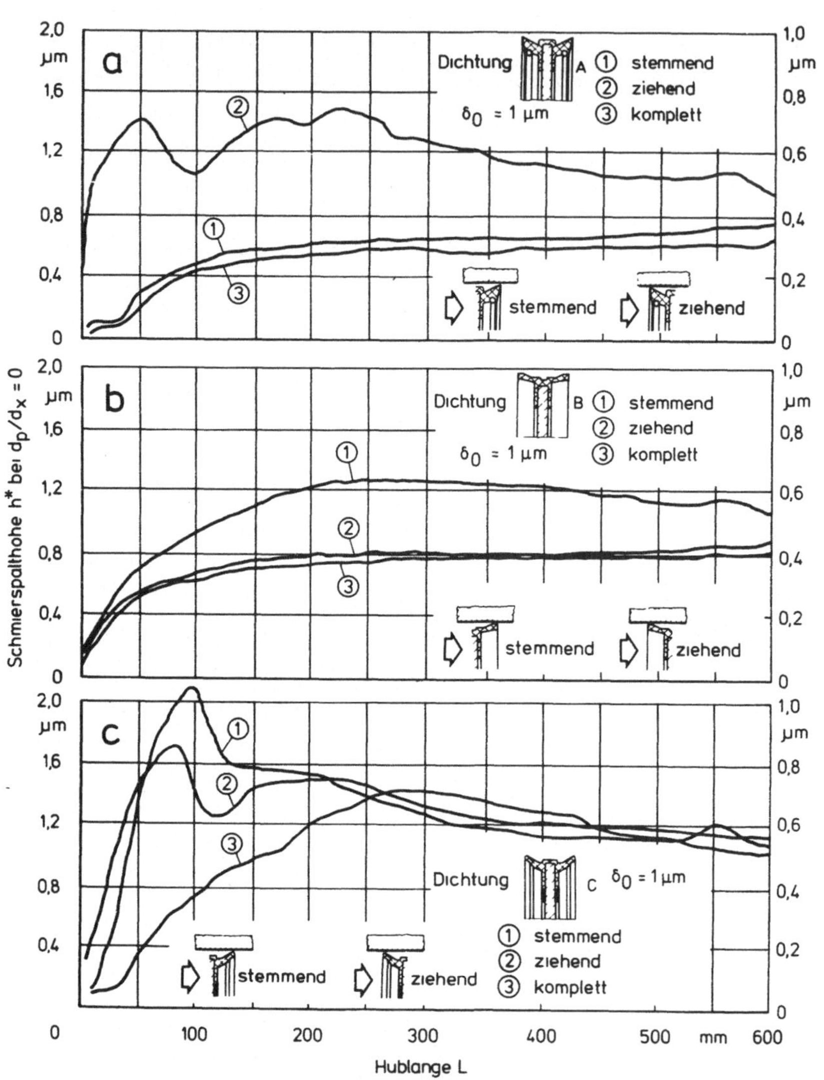

Bild 28: Restfilmdicke δ_2 bzw. Schmierspalthöhe h* unterschiedlich gestalter Komplettkolben bei stemmender und zie-
hender Dichtungsbeanspruchung

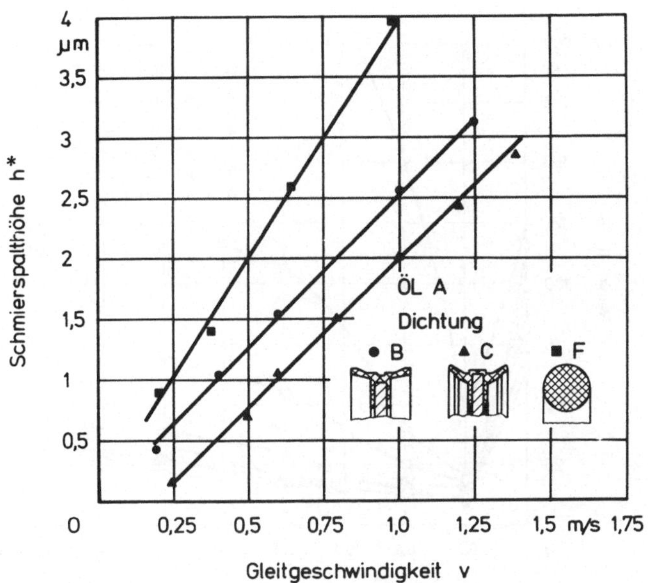

Bild 29: Abhängigkeit der Spalthöhe h* von der Gleitgeschwindigkeit v bei unterschiedlichen Dichtungen

Trägt man die sich bei einer bestimmten Kolbengeschwindigkeit v
einstellende Restfilmdicke δ_2 in Abhängigkeit von der auf der
Zylinderlaufbahn vorliegenden Ausgangsfilmdicke δ_0 auf, so erhält
man den in **Bild 31** dargestellten Zusammenhang. Bei einer Gleitgeschwindigkeit von v = 0,2 m/s bleibt nach Überfahren einer Filmdicke δ_0 = 5 µm auf der Zylinderlaufbahn eine Restfilmdicke von
δ_2 = 1,3 µm zurück.
Für die Praxis bedeutet dies, daß eine bei der Montage des Zylinders eingebrachte Schmierstoffschicht bereits nach wenigen, mit
langsamer Geschwindigkeit durchgeführten Kolbenhüben so stark abgetragen ist, daß sich während des Betriebes des Zylinders zu kei-
ner Zeit mehr ein hydrodynamischer Schmierzustand einstellen kann.

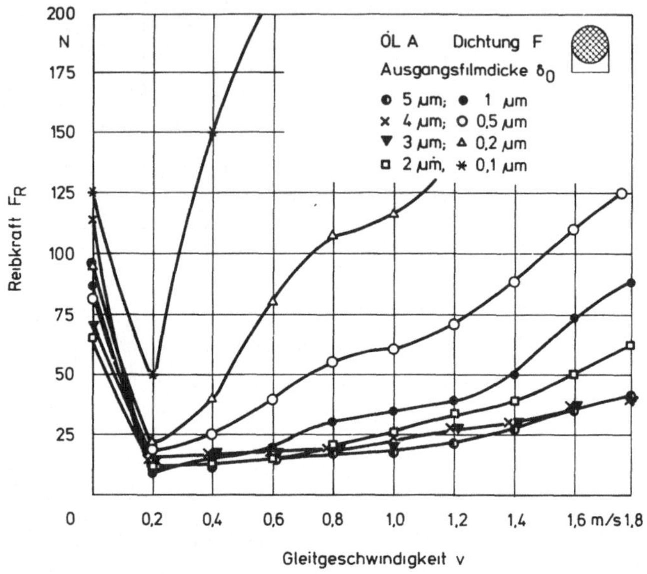

Bild 30: Reibkräfte F_R eines O-Ringes 68 x 6 bei unterschiedlichen
Ausgangsfilmdicken in Abhängigkeit von der Gleitgeschwindigkeit v (Stribeck-Kurve)

Trägt man die Reibkraft F_R über der Schmierspalthöhe h* beim Pressungsmaximum auf, so erhält man für O-Ringe einen Kurvenverlauf
entsprechend Bild 32.

Aus diesem Bild ist zu entnehmen, daß die Reibkraft bei kleiner
werdender Schmierspalthöhe h* zunimmt. Berührung zwischen der Dichtung und der Kolbenlaufbahn erhält man, wenn die Spalthöhe h_2
(vgl. Bild 4), d.h. die kleinste im Spalt auftretende Schmierspalthöhe gleich der Summe der Oberflächenrauheiten von Dichtung
und Kolbenlaufbahn ist.

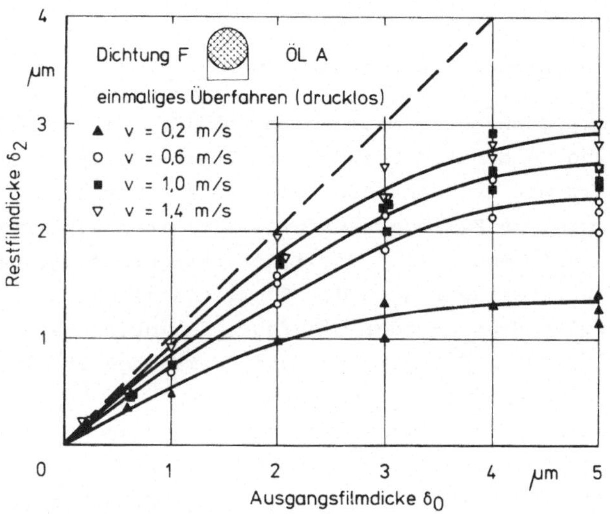

Bild 31: Veränderung eines vorgegebenen Schmierfilms mit der Dicke δ_0 durch eine Dichtung abhängig von der Gleitgeschwindigkeit

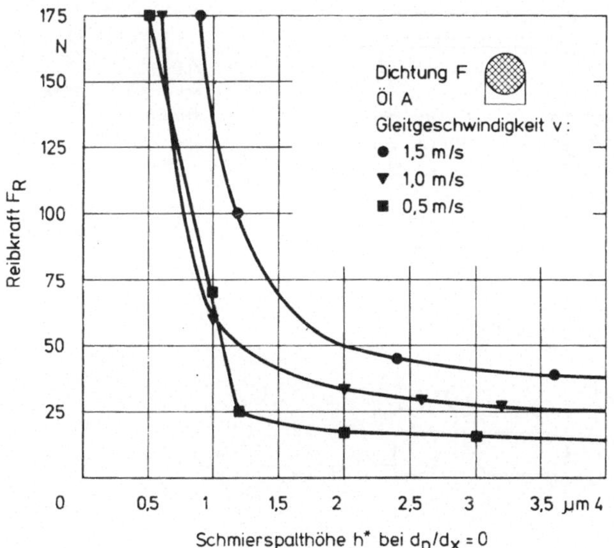

Bild 32: Abhängigkeit der Reibkraft F_R von der Spalthöhe h* bei O-Ringen

8.3   Schmierfilmausbildung im Dauerlauf

Zur Untersuchung der Schmierfilmausbildung im Dauerlauf werden
Kolben und Kolbenstange in den teilbaren Zylinder eingelegt, der
beidseitig mit Zylinderboden und -deckel verschlossen wird. Die
Ansteuerung des Zylinders erfolgt mit einem elektromagnetisch be-
tätigten 5/2-Wegeventil, das konstruktionsbedingt nicht geschmiert
werden muß. Veränderungen der Schmierfilmdicke während des Versu-
ches infolge Wasser- oder Ölzufuhr oder durch Verunreinigungen der
Druckluft werden durch Kälte- und chemischen Trockner und an-
schließende Feinstfilterung vermieden.
Bei der Durchführung des Dauerlaufes wird der Zylinder mit einem
konstanten Betriebsdruck von p=6 bar betrieben, durch beidseitige
Abluftdrosselung läßt sich im Vor- und Rückhub eine konstante mittlere Verfahrgeschwindigkeit von v=0,3 m/s einstellen. Den Versuchsaufbau zeigt Bild 33.

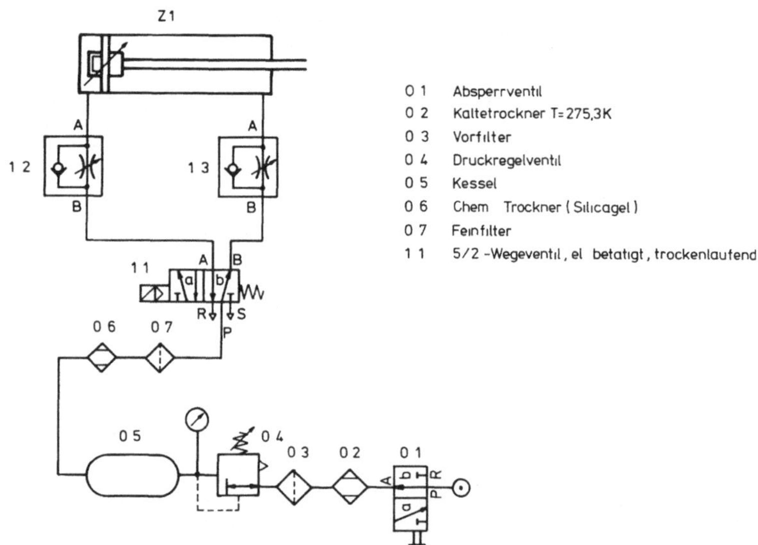

Bild 33: Versuchsaufbau zur Untersuchung der Schmierfilmaus-
         bildung im Dauerlauf

Der Dauerlaufversuch soll den Schmierfilmverschleiß abhängig von
der Hubzahl des Zylinders und der gewählten Dichtung zeigen. Das
Versuchsprogramm wird auf die Dichtungen A, B, C und F beschränkt,
die sich lediglich durch ihre Lippenform voneinander unterscheiden.

Betreibt man diese Dichtungen im Dauerlauf unter gleichen Versuchsbedingungen, erhält man, wie <u>Bild 34</u> zeigt, bereits nach
1000 Doppelhüben wichtige Ergebnisse. So ist bei Dichtung A auf
der Zylinderlauffläche kein Schmierstoff mehr vorhanden. Die Beanspruchung der Dichtung in diesem Betriebszustand führt bereits
zum Verschleiß der Dichtlippen, der sich in Kratzern und Riefen
am Umfang der Dichtung äußert. Das Untersuchungsergebnis zeigt,
daß der Dichtungstyp A keinen wartungsfreien Betrieb eines Zylinders erlaubt.

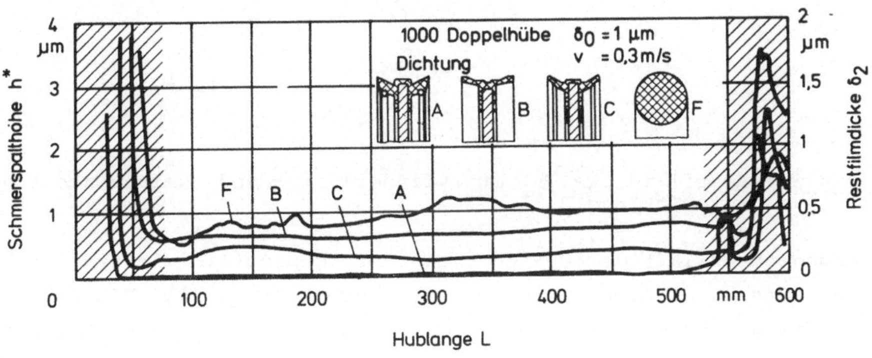

<u>Bild 34</u>: Spalthöhen h* und Restfilmdicken δ_2 nach 1000 Doppelhüben
(Spalthöhenbestimmung nur außerhalb des schraffierten
Bereiches möglich)

Besser für den initialgeschmierten Dauerbetrieb geeignet sind die
Dichtungen B und C, während Dichtung F (O-Ring) den geringsten
Schmierfilmverschleiß aller untersuchten Dichtungen aufweist. Die
Restfilmdicke nach 1000 Hüben beträgt noch δ_2 = 0,5 µm. Vergleicht
man die Restfilmdickenprofile in einer Zylinderhälfte von Dichtung
B und F, so stellt man fest, daß der Filmabtrag bei Dichtung B
sehr gleichmäßig ist (<u>Bild 35</u>).

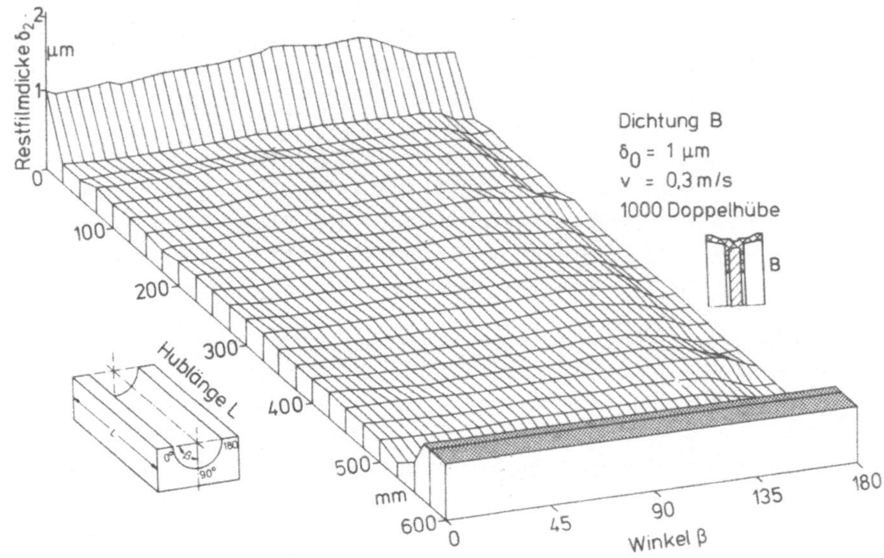

Bild 35: Restfilmdicke δ_2 in Zylinderlängs- und -umfangsrichtung bei Dichtung B

Demgegenüber läßt der O-Ring einen Restschmierfilm mit starken Unebenheiten bzw. Dickenunterschieden zurück (Bild 36). Diese streifenförmig ausgebildeten Schmierstoffansammlungen können ihre Ursache in

- Beschädigungen des O-Rings
- Verunreinigungen, die unter den O-Ring geschleppt werden
- Durchmesserunterschieden der Dichtschnur
- Partiellen Härteunterschieden der Dichtschnur
- Kavitation

haben.

Verschmutzungen, die bei der Montage in das Zylinderinnere gelangen können, wirken sich stark auf die Restschmierfilmdicke aus. Zum Teil wird die Dichtfläche des O-Rings leicht angehoben, was ein stärkeres Durchtreten von Schmierstoff ermöglicht. Andere Schmutzpartikel werden bei der Kolbenbewegung vor der Dichtung her-

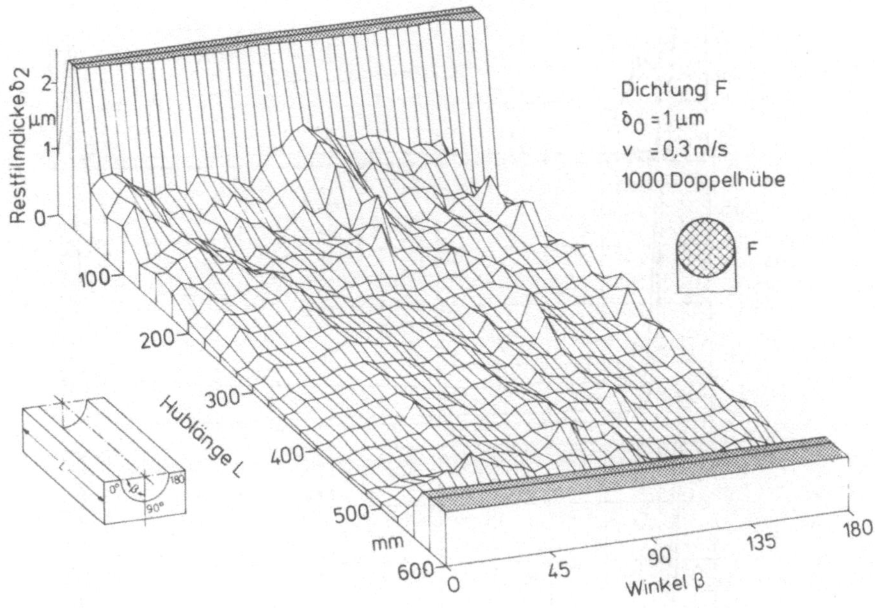

Bild 36: Restfilmdicke δ_2 in Zylinderlängs- und -umfangsrichtung bei Dichtung F

geschoben, die Folge ist ein verstärktes örtliches Abtragen des Films.

Bei Steigerung der Hubzahl auf 10 000 Doppelhübe nimmt die Restfilmdicke bei allen untersuchten Dichtungen weiter ab. Nur die Dichtungen B und F haben, wie **Bild 37** zeigt, noch einen Restfilm mit der Dicke $\delta_2 = 0,25$ μm bzw. $\delta_2 = 0,1$ μm.

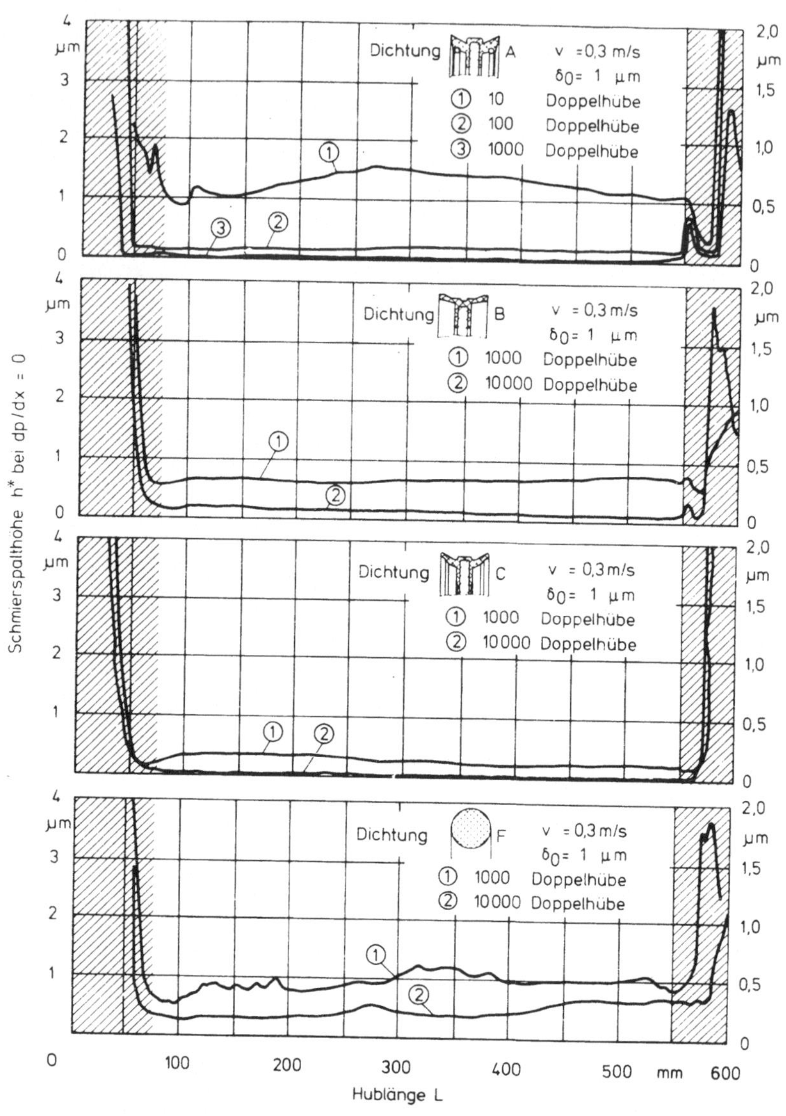

Bild 37: Spalthöhen h* und Restfilmdicken δ_2 nach Dauerlauf in Abhängigkeit von der Hubzahl (Ausgangsfilmdicke δ_0 = 1 μm) (Spalthöhenbestimmung nur außerhalb des schraffierten Bereiches möglich)

8.4   Schmierfilmausbildung bei stick-slip-Verhalten

Bei Dichtungen, die aus Elastomeren bestehen, ist der Haftrei-
bungskoeffizient größer als der bei Gleitreibung. Werden Druckluftzylinder mit langsamen Kolbengeschwindigkeiten oder mit Zu-
luftdrosselung betrieben, kommt es dabei zu ruckartigen Gleitbe-
wegungen des Zylinders (stick-slip) /99/. Bild 38 zeigt den Verlauf der Schmierfilmdicke im Versuchszylinder nach Überfahren
einer Ausgangsfilmdicke von $\delta_0 = 1$ µm mit Dichtung F.

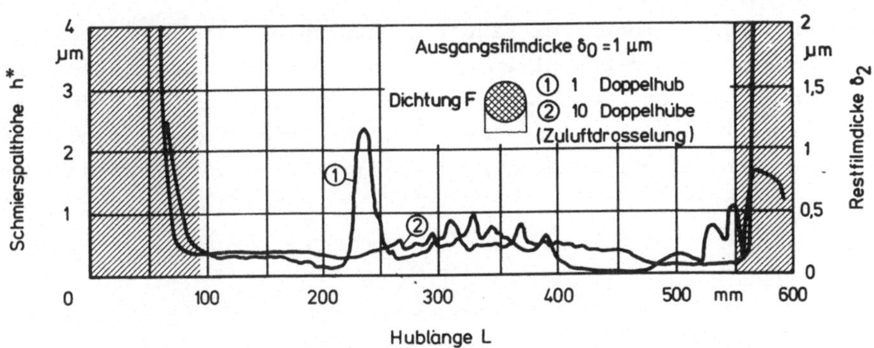

Bild 38: Schmierspalthöhe h* und Schmierfilmdicke δ_2 bei stick-
slip (Zuluft gedrósselt) (Spalthöhenbestimmung nur
außerhalb des schraffierten Bereiches möglich)

Wie aus dem Bild 38 zu entnehmen ist, ändert sich die Spalthöhe h*
geschwindigkeitsabhängig. Beim ruckartigen Verfahren des Kolbens
bildet sich ein voller Schmierfilm aus, beim Stillstand des Kolbens wird der Schmierstoff aus dem Dichtspalt gedrückt.

8.5   Bewertung der Ergebnisse

Mit dem Versuchsstand zur Schmierfilmdickenmessung ist es möglich,
eine Kolbendichtung für Pneumatikzylinder schrittweise zu verbessern. Unter Berücksichtigung von Reibkraftmessungen läßt sich der
für den initialgeschmierten Betrieb am besten geeignete Dichtungstyp entwickeln. Die Versuchsergebnisse zeigen, daß eine für den
wartungsfreien Betrieb geeignete Pneumatikdichtung folgende Merk-
male aufweisen muß (siehe dazu auch /98, 100/):

- Die Auflagefläche, d.h. die Dichtspaltlänge muß klein sein, um
  möglichst geringe Haft- und Gleitreibungskoeffizienten zu er-
  zielen. Andererseits darf die Dichtspaltlänge nicht zu kurz werden, da sonst eine erhöhte Flächenpressung auftritt. Die sich
  bei einer gegebenen Gleitgeschwindigkeit ausbildende Spalthöhe
  h^* wird sonst kleiner und der Schmierfilmverschleiß größer.
- Die Dichtkantenwinkel sind flach auszuführen, um ein Abstreifen des Schmierfilms zu verhindern.
- Die Dichtkantenwinkel sind so auszuführen, daß sich beim einge-
  bauten Zustand sowohl im stemmenden als auch im ziehenden Betrieb gleiche Pressungsgradienten am Anfang und am Ende der
  Dichtfläche ausbilden. Die "Durchlässigkeit" der Dichtung gegenüber dem vorhandenen Schmierfilm ist dann in beiden Richtun-
  gen gleich.

In vielen Anwendungsbereichen werden Druckluftzylinder während des
Betriebes nicht gewartet, sondern nur durch eine bei der Montage
eingegebene Schmierstoffmenge geschmiert. Der auf den Berührungsflächen vorliegende Schmierfilm wird durch die Dichtungen nach
und nach abgetragen. Ist der Schmierfilm zu dünn, kommt es zur
Mischreibung, was erhöhte Reibung und Verschleiß und u.U. ein früh-
zeitiges Ausfallen des Zylinders zur Folge hat.
In der vorliegenden Arbeit wird die gerätetechnische Entwicklung
eines Meßsystems beschrieben, das zur Bestimmung der in pneumatischen Zylindern vorliegenden Schmierfilmdicke geeignet ist. Dieses Meßverfahren ermöglicht es, die Beeinflussung eines Schmierfilms durch eine Dichtung zu untersuchen.
In Kapitel 2 der Arbeit wird nachgewiesen, daß beim Vorliegen hydrodynamischer Schmierverhältnisse aus der nach Überfahren eines
Schmierfilms durch eine Berührungsdichtung zurückbleibenden Restschmierfilmdicke eindeutig auf die Spalthöhe am Pressungsmaximum
geschlossen werden kann.
Bei dem entwickelten Meßverfahren wird die Schmierfilmdicke mit
Hilfe des Fluoreszenz bestimmt. Dazu verwendet man Schmierstoffe,
die bei entsprechender Bestrahlung fluoreszieren. Aus dem Lambert-
Beerschen-Gesetz ergibt sich ein Zusammenhang zwischen dem emittierten Fluoreszenzstrahlungsfluß und der Schmierfilmdicke. Die
in diesem Teil der Arbeit (Abschnitt 5) durchgeführten Untersuchungen haben die gerätetechnische Optimierung eines Versuchs-
standes zur Schmierfilmdickenbestimmung zum Inhalt. Es wird gezeigt, daß man bei Wahl geeigneter Versuchsbedingungen sämtliche
Störeinflüsse auf das Meßergebnis klein halten kann. Bei Optimierung des Versuchsaufbaus lassen sich Schmierfilmdicken bis δ =
0,01 um nachweisen.
Die Beurteilung einer Dichtung ist möglich, wenn außer Schmier-
filmdickenuntersuchungen auch Reibkraftmessungen durchgeführt
werden. Im letzten Teil der Arbeit werden Schmierfilmdicken auf
Zylinderlaufflächen bestimmt, wobei die Beeinflussung des
Schmierfilms durch verschiedene Betriebsarten einen wichtigen
Schwerpunkt bildet. Es gelingt, Zusammenhänge zwischen Schmier-

spalthöhe und Reibkraft, Geschwindigkeit und Reibkraft und Geschwindigkeit und Spalthöhe aufzuzeigen. Anhand von Dauerlaufversuchen wird
die Eignung der untersuchten Dichtungen für den wartungsfreien Betrieb untersucht. Aus den gewonnenen Ergebnissen können Hinweise
zur konstruktiven Verbesserung von Dichtungen abgeleitet werden.

Weiterführenden Untersuchungen ist die Überwachung der Schmierfilmdicke pneumatischer Zylinder während des Betriebes vorbe-
halten. Unter Zuhilfenahme eines Endoskopes, wird die Anregungsstrahlung über einen Lichtleiter auf die zu beobachtende Fläche
gerichtet, die Fluoreszenzstrahlung auf dieser Fläche kann mit
Hilfe des im Inneren des Endoskopes befindlichen optischen Systems zur Meßeinrichtung geführt werden. Auf diese Weise lassen
sich die Veränderungen des Schmierfilms bei Schmierstoffzugabe
erfassen. Darüber hinaus ist als zukünftige Entwicklung an den
Einsatz des Verfahrens zur Messung anderer dünner Flüssigkeitsschichten auf verschiedenen technischen Oberflächen gedacht.

IPA Forschung und Praxis

Schriftenreihe aus dem Institut für Produktionstechnik und Automatisierung, Stuttgart

Herausgeber: Prof. Dr.-Ing. H. J. Warnecke

Stufenweise Ableitung eines praktischen Planungssystems für den Entwicklungsbereich
Von R Hichert ISBN 3-7830-0149-8
1978, 151 Seiten, kartoniert   52,— DM

Produktionsplanung mit Auftragsfamilien
Von U W Geitner ISBN 3-7830-0161 7
1979, 110 Seiten, kartoniert   45,— DM

Thermisch-chemisches Entgraten
Von T Wagner ISBN 3-7830-0164-1
1979, 111 Seiten, kartoniert   45,— DM

Untersuchung der Materialflußkosten bei ausgewählten Systemen der Zentralen Arbeitsverteilung
Von R Wenzel ISBN 3-7830-0162-5
1979, 168 Seiten, kartoniert   86,— DM

Anpassung und Einführung eines Planungssystems für die Ablaufplanung im Konstruktionsbereich
Von W Dangelmaier ISBN 3-7830-0163-3
1979, 168 Seiten, kartoniert   80,— DM

Längenmessungen an bewegten Teilen mit berührungslos wirkenden Aufnehmern
Von H Lang ISBN 3-7830-0157-9
1979, 89 Seiten, kartoniert   42,— DM

Untersuchung multistabiler Strömungselemente und ihr Einsatz in sequentiellen Steuerungen
Von A Ernst ISBN 3-7830-0157-9
1979, 122 Seiten, kartoniert   48,— DM

Taktile Sensoren für programmierbare Handhabungsgeräte
Von M Schweizer ISBN 3-7830-0158-7
1979, 91 Seiten, kartoniert   42,— DM

Die rechnerunterstützte Prüfplanung
Von P Blasing ISBN 3-7830-0152-8
1979, 100 Seiten, kartoniert   44,— DM

Verfahren zur Fabrikplanung im Mensch-Rechner-Dialog am Bildschirm
Von W Ernst ISBN 3-7830-0156-0
1979, 218 Seiten, kartoniert   72,— DM

Rechnerunterstütztes Verfahren zur Leistungsabstimmung von Mehrmodell-Montagesystemen
Von M Gorke ISBN 3-7830-0155-2
1979, 139 Seiten, kartoniert   50,— DM

Standortbezogene Betriebsmittel
Von G Pflieger ISBN 3-7830-0167-6
1979, 127 Seiten, kartoniert   52,— DM

Die betriebswirtschaftliche Beurteilung neuer Arbeitsformen
Von B -H Zippe ISBN 3-7830-0168-4
1979, 350 Seiten, kartoniert   98,— DM

Untersuchung des Arbeitsverhaltens programmierbarer Handhabungsgeräte
Von B Brodbeck ISBN 3-7830-0169-2
1979, 117 Seiten, kartoniert   48,— DM

Untersuchung eines kohärent-optischen Verfahrens zur Rauheitsmessung
Von N Rau ISBN 3-7830-0174-9
1979, 117 Seiten, kartoniert   48,— DM

Entwicklung einer programmierbaren, pneumatischen Steuerung
Von D Klemenz ISBN 3-7830-0171-4
1979, 93 Seiten, kartoniert   42,— DM

Diese Berichte sind zu beziehen durch den Krausskopf-Verlag, Lessingstraße 12, 6500 Mainz

IPA Forschung und Praxis

Berichte aus dem Fraunhofer-Institut für Produktionstechnik und Automatisierung, Stuttgart, und dem Institut für Industrielle Fertigung und Fabrikbetrieb der Universität Stuttgart

Herausgeber: Prof. Dr.-Ing. H. J. Warnecke

Die Berichte 38 und folgende sind zu beziehen durch den Springer-Verlag, Berlin Heidelberg New York